中国少儿知识小百科

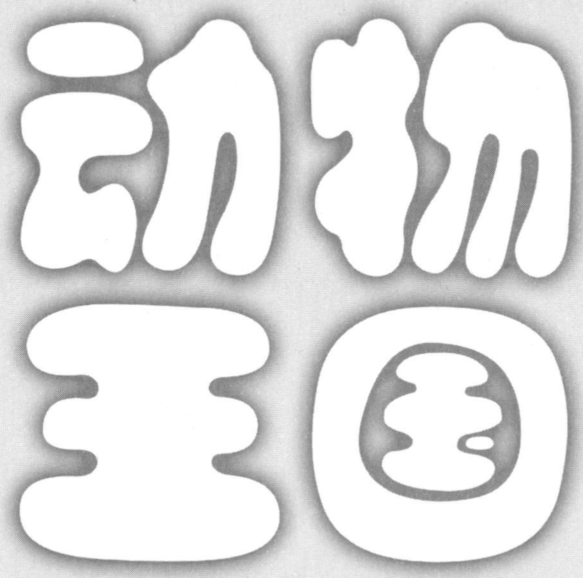

动物王国

Dongwu Wangguo

方辉 主编

山东大学出版社

图书在版编目（CIP）数据

动物王国／方辉主编．—济南：山东大学出版社，2017.1
（中国少儿知识小百科）
ISBN－978－7－5607－5426－0

Ⅰ．①动…　Ⅱ．①方…　Ⅲ．①动物－少儿读物
Ⅳ．①Q95－49

中国版本图书馆CIP数据核字（2015）第306000号

责任策划：黄福武
责任编辑：唐　棣
封面设计：张　荔

出版发行：山东大学出版社
社址　山东省济南市山大南路20号
邮编　250100
电话市场部（0531）88364466
经销：山东省新华书店经销
印刷：山东新华印务有限责任公司
规格：787毫米×1092毫米　1/16
6.5印张　150千字
版次：2017年1月第1版
印次：2017年1月第1次印刷
定价：20.00元

出版人语

书籍是人类进步的阶梯，同学们在这条阶梯上攀登时，你们的脚步更多地承载着家庭和社会的希望和未来。

《中国少儿知识小百科》丛书紧紧围绕新课程标准进行设计和编写，根据广大同学的阅读水平和思维能力，侧重可读性、趣味性和拓展性，涉及10个学科门类，包括动物、植物、科学、艺术、民俗、体育、天文、地理、历史、军事等方面的有用和有趣知识，内容全面，通俗易懂。本丛书共设3000多个条目，并附有3000多幅相关插图，让大家在阅读时产生浓厚兴趣，增加知识，开拓视野，提高思维能力和语言能力。

本丛书将引领读者朋友游览《动物王国》，访问《植物城堡》，仰望《天文奇观》，俯视《地球家园》，参观《艺术长廊》，历数《民俗大观》，漫步《历史博览》，访问《科学驿站》，阔论《军事纵横》，走进《体育世界》，探索科学知识，认识大千世界。其中穿插的“洋话天天说”“诗词贝贝乐”“思维对对碰”“肚皮笑笑破”“我来考考你”等栏目，可拓展知识面，增加趣味性，生动活泼，寓教于乐，把学习知识、激发兴趣、培养能力融为一体，让大家更加积极主动地去探索奇妙的世界。

本丛书体例新颖，内容丰富，既收纳了各学科的基本知识点，又融入了各学科的新发现和新成果。在语言的叙述和表达上，力求生动活泼，深入浅出，把人类的常识和深奥的哲理与同学们熟悉的事物联系起来，引领读者朋友由近及远，由表及里，从已知到未知，迈开探索的脚步勇敢地进入科学知识的广阔天地。

《中国少儿知识小百科》丛书是一个集知识性、趣味性、益智性、拓展性、实用性于一体的适合广大同学阅读的百科知识宝库。同学们，让我们一起开始充满乐趣和惊奇的“寻宝”之旅吧！

《中国少儿知识小百科》丛书
编 委 会

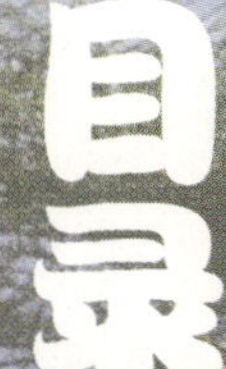

目录

第一章
神奇奥妙的动物王国

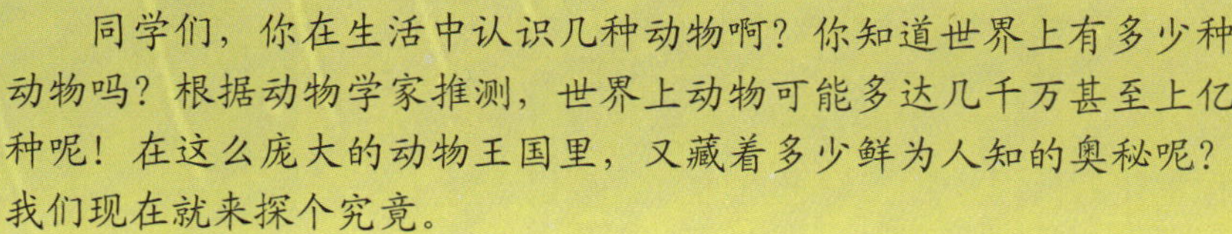

同学们，你在生活中认识几种动物啊？你知道世界上有多少种动物吗？根据动物学家推测，世界上动物可能多达几千万甚至上亿种呢！在这么庞大的动物王国里，又藏着多少鲜为人知的奥秘呢？我们现在就来探个究竟。

动物的奇怪习性

不同的动物总有自己奇特的和有趣的生活习性和行为，有时候会让我们感到惊奇不已。而且动物的很多习性都有其发生机理，这足以吸引着人类去探寻、去研究。同学们，我们也去探寻其中的奥秘吧。

>> 能导航的鸽子

同学们，你是否想象过在野外突然迷路，那是何等的焦急和无奈？而作为特殊鸟类的鸽子就不存在这个问题。鸽子在没有飞行困难的情况下能飞行数千千米找到之前的栖息地。

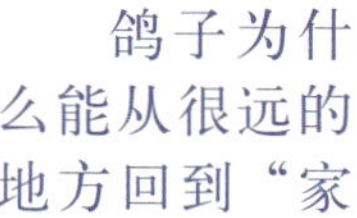

鸽子为什么能从很远的地方回到“家里”呢？科学家指出，许多鸟类体内都有内置式“磁性指南针”，可以通过地球磁场探测具体的飞行方向。2006 年 11 月发表在《动物行为》杂志上的一项研究显示，鸽子除了体内的“磁性指南针”外，还可以通过识记地面上熟悉的建筑物等帮助自己找到回家的方向。

城东早春

杨巨源

诗家清景在新春，绿柳才黄半未匀。
若待上林花似锦，出门俱是看花人。

奇怪的八目鳗鱼

你知道吗？有一种奇怪的鱼，在产卵后会双双死去，这就是八目鳗鱼。八目鳗鱼的雄性见有雌性经过，就会一下子吸住其鳃穴，并勒紧雌体。雌性则吸住旁边的岩石。产卵后，雌性和雄性都会死去。多么悲催的一对啊！

八目鳗鱼生活在1300米深的海底淤泥里，只露出自己的头。这种鳗鱼的嘴里只有一颗牙齿，而舌头上却长着一些像牙齿一样的圆盘。八目鳗鱼有令人作呕的饮食习惯，那就是它只吃死掉的和垂死的海洋动物。它进食的方式也很奇怪：先用那唯一的牙在动物尸体上钻一个洞，然后探入动物的内部开始大吃特吃。八目鳗鱼的嗅觉非常好，只要一有“死亡”的气味，它就能立即察觉到。

A：What's for dinner？
B：Hamburger steak.
A：晚饭吃什么？
B：吃汉堡牛排。

见不得光的鼹鼠

同学们，你看过动画片《鼹鼠的故事》吗？对胖乎乎的鼹鼠记忆犹新吧？鼹鼠是一种哺乳动物，它身体矮胖，长10余厘米，毛黑褐色，嘴尖，眼小，隐藏在毛中。鼹鼠适于地下掘土生活，它的身体完全适应地下的生活方式。鼹鼠成年后，眼睛深陷在皮肤下面，视力完全退化，因为终日不见太阳，很不习惯阳光照射，一旦长时间接触阳光，中枢神经就会紊乱，各个器官就会失调，以致死亡。

科学家发现鼹鼠具有立体嗅觉感，能够辨识立体空间方位的不同食物气味，是目前发现的第一种具有立体嗅觉感的哺乳动物。

题目：爸爸丢了一样东西，为什么妈妈还特别高兴？
答案：因为他丢掉了坏习惯。

自我“禁闭”的犀鸟

同学们，你见过啄木鸟长长的嘴巴吗？和犀鸟相比，啄木鸟的嘴巴就是小巫见大巫了。犀鸟光嘴巴就占了身长的1/3甚至一半，是一种奇特而珍贵的大型鸟类。犀鸟宽扁的脚趾非常适合在树上的攀爬活动，一双大眼睛上长有粗长的眼睫毛。在它的头上长有一个铜盔状的突起，叫“盔突”，就像犀牛的角一样，所以叫它“犀鸟”。

家里的电脑接入了宽带，6 岁的虎子问爸爸："什么是宽带？"

爸爸不好解释，随便说了一句："就是最快的高速公路。"

一天，远方的奶奶打电话来，说要虎子全家回老家过年。爸爸跟妈妈商量怎么走快些，虎子说："乘宽带的车呗！那是最快的！"

每年春季以后，成双的犀鸟就在高大树干的洞穴里做巢，"装修"产房，准备"生儿育女"。它们在洞底垫上衔回来的腐朽草木，上面铺些柔软的羽毛，然后雌鸟开始产卵。产完卵后的雌鸟就开始和产房外的雄鸟合作，把产房的门洞完全堵上，把自己"禁闭"起来，仅留下一个能使雌鸟伸出嘴尖的小洞。这样雌鸟在孵卵期间就不用担心敌害，安心地孵化自己的小宝贝了。雄鸟则在外面四处奔波，寻找食物，为爱妻提供丰盛的美餐。经过 28 ~ 40 天，小犀鸟破壳而出，雌犀鸟才终于解除"禁闭"，和雄犀鸟一起哺育自己的孩子。多么奇特的育雏方式啊！这种方式的确有利于保护后代免受敌人的侵害。

具有声波武器的鼓虾

鼓虾又叫"枪虾""卡搭虾"，在饮食领域叫"嘎巴虾"。鼓虾有一对一大一小的虾螯，当它捕食时会将大螯快速合上，喷射出一道时速高达 100 千米左右的水流，将猎物击昏甚至杀死。这道高速水流会触发空穴现象，形成一个极微小的低压气泡，当水压恢复正常后，气泡会崩裂并发出噼噼啪啪的声音，像打鼓一样，鼓虾也是因此而得名。如果一群鼓虾同时闭合它们的大螯，所发出的声音能大到足以让潜水艇避过声呐探测器的追踪呢！

此外，鼓虾还被称为"共生虾"，这是因为它与虾虎鱼存在着奇妙的共生关系。鼓虾的视力不像虾虎鱼的那么好，如果它看见或感觉到虾虎鱼突然游回洞穴，它便跟着缩回去。虾虎鱼和鼓虾总是保持着一定的联系，鼓虾通过其触角触碰虾虎鱼，当有危险时，虾虎鱼会轻拍尾鳍以示警告，真是一对好伙伴。

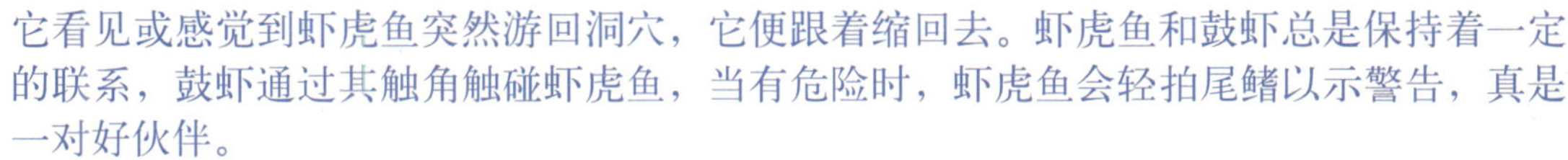

我来考考你

1. 八目鳗鱼有几颗牙齿？（　　）
   A.2　B.1　C.3
2. 哪种动物怕见光？
3. 鸽子为什么不管飞多远都能找到家？

动物的进化过程

美丽的地球，生机勃勃，栖息着数不胜数的动物。有的飞翔于蓝天，有的遨游于深海，有的出没于森林……生命在地球上演化的历史漫长而神秘，动物的始祖在哪里？是怎样进化的？同学们，让我们来看看动物的进化过程吧。

生命化石——琥珀

同学们，你见过琥珀吗？在一些商场的橱柜里，经常会看到内部有小昆虫的漂亮的琥珀饰品。这些琥珀是数千万年前，一些小型昆虫不幸陷入黏性极强的树脂中，难以逃脱。随着时间的推移，这些树脂变硬、石化，成为一种独特的生命化石——琥珀。

最早有记录的化石树脂来自石炭纪，但琥珀一直到白垩纪早期才出现。著名的琥珀沉积岩来自波罗的海地区和多米尼加共和国。琥珀主要是古代裸子植物的树脂。

琥珀除了有宝石的风采之外，它的美更在于它的内涵是含蓄的。自古以来在欧洲，琥珀都被视为吉祥物，古今中外在文学上对琥珀的歌颂也颇多。琥珀是唯一有生命的“活化石”。在时间的雕琢下，它的颜色会更加红润，质地更加晶莹，透过琥珀你看到的是一个变幻莫测的世界。

寒食

韩翃（hóng）

春城无处不飞花，寒食东风御柳斜。
日暮汉宫传蜡烛，轻烟散入五侯家。

最早的海洋脊椎动物

同学们，生命是从海洋中诞生的，地球早期的生命只能在有水的环境中生存，最早的海洋动物是无脊椎动物。直到5亿年前，最早的脊椎动物之一——头甲鱼才在海洋中出现。

头甲鱼身体比较小，不超过20厘米，头扁平，嘴没有上下颌。头甲鱼的头和躯干的前部覆盖着坚厚的骨质甲片，它的名字就是这样来的。

其头甲后的身体像鱼，只是鳞片与现代的鱼大不一样，是长条形的骨板。头甲后面有一对肉质胸鳍，是头甲鱼主要的运动器官。因为骨质甲片很重，所以头甲鱼游泳能力不强，它靠吸食海藻为生。

从水生到陆生的转变

最早的动物生活在海洋中，从水生到陆生的转变不仅是脊椎动物进化中的重要一步，也是最为艰难的一步。作为第一批登陆的脊椎动物，两栖动物有着最长的发展历史，他们要适应陆地的温度变化，要在陆地支撑体重和运动，呼吸陆地的氧气，这些都需要一个漫长的过程。说起来简单，真正做到是何等艰难。

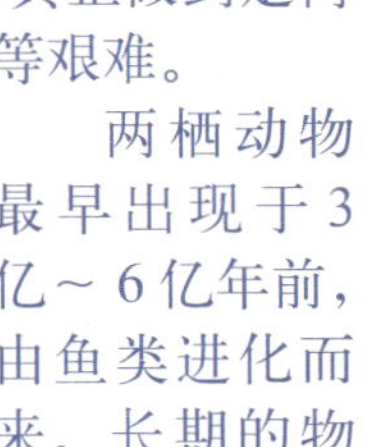

两栖动物最早出现于3亿～6亿年前，由鱼类进化而来。长期的物种进化使两栖动物既能活跃在陆地上，又能游动于水中。最早的两栖动物是出现于古生代泥盆纪晚期的鱼石螈和棘鱼石螈，它们拥有较多鱼类的特征。

两栖动物一般都是卵生，幼体生活在水中，用鳃呼吸，经变态发育，长大后用肺呼吸，皮肤辅助呼吸，水陆两栖。

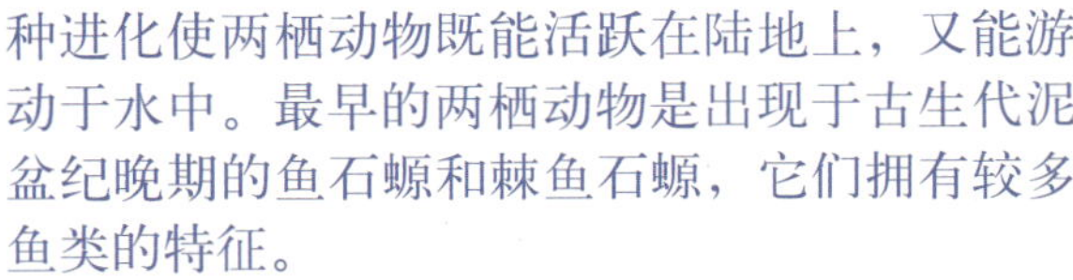

洋话天天说

A：How soon can you get it ready？

B：In about five more minutes.

A：还要多久才能做好呀？

B：再有5分钟吧。

最早的爬行动物

最早期的爬行动物，出现于3.2亿～3.1亿年前的石炭纪晚期，是由两栖动物进化而来的。林蜥是已知最古老的爬行动物，身长20～30厘米，其化石发现于加拿大的新斯科舍省。

在石炭纪末期，地球上的气候曾经发生剧变，部分地区出现了干旱和沙漠，使原来温暖而潮湿的气候变为干燥的大陆性气候——冬寒夏暖。植物界也随着气候的变化而变化，致使很多古代两栖类灭绝或再次进入水中生活，而适应陆地生活的古代爬行动物则能生存下来并且在斗争中不断发展，将两栖类排挤到次要地位。

中生代古代爬行动物几乎遍布全球，因而常称中生代为“爬行动物时代”。现在虽然已经不再是爬行动物的时代，但就种类来说，爬行动物仍然非常繁盛，其种类之多仅次于鸟类而排在陆地脊椎动物的第二位。

题目：投入熔炉

（打一生物学名词）

答案：进化

哺乳动物的起源

哺乳动物来自兽齿类爬行动物，但是不能确定是哪一类兽齿类。因为在兽齿类动物里，进步性质和原始性质交错存在，十分复杂。自三叠纪晚期起，哺乳动物便开始登上大自然的历史舞台。

早期的哺乳动物个体都很小，数量也少，和当时在地球上占统治地位的恐龙类相比是非常渺小的。但是哺乳动物在身体结构上具备着比爬行动物更高级的特征，从化石上看，哺乳动物与爬行动物非常重要的区别在于其牙齿。当进入新生代时，大多数爬行动物灭绝了，而哺乳动物却得到了空前的发展。在生物史上，新生代被称为“哺乳动物时代”。

肚皮笑笑破

一位教授正在讲授达尔文的进化论。突然一位漂亮的女生站起来问：“教授，您说我们是猩猩进化来的，我想问问，我和您谁更像猩猩呢？”

教授听了，回答：“根据生物多样性原理，如果我们都活在以前，那你就不是一只普通的猩猩，你肯定是一只漂亮的猩猩！”

女生高兴地说：“现在我相信进化论了！”

哺乳动物是动物世界中形态结构最高等、生理机能最完善的动物。哺乳动物具有比较发达的大脑，因而能产生比其他动物更为复杂的行为，并能不断地改变自己的行为，以适应外界环境的变化。

我来考考你

1. 最早的脊椎动物之一是（　　）。
   A. 胖头鱼　B. 头甲鱼　C. 娃娃鱼
2. 已知最早的爬行动物是什么？
3. 琥珀是怎么形成的？

动物的通信交流

诗词贝贝乐

无题（节选）

李商隐

昨夜星辰昨夜风，画楼西畔桂堂东。
身无彩凤双飞翼，心有灵犀一点通。

在动物王国里，每个动物不是孤立地生活在动物界的，它们总是组成一个个的生活群体。尽管有一些动物像人一样也喜欢独来独往，但它们毕竟还是要与其他动物接触的。在接触过程中，它们或者通过声音，或者通过气味，或者通过色彩，或者彼此间互相触摸，甚至释放某种化学物质来互通有无，相互协作或竞争。同学们，我们来看看动物都是怎么交流的吧。

千变万化的声音

同学们，你听过几种动物的声音呢？如猫的“喵喵”声，狗的“汪汪”声，鸟的“喳喳”声，羊的“咩咩”声……我们听到似乎每种动物只会发一种声音，其实动物的声音语言是千变万化的，含义也是各不相同的。

让我们来听听长尾鼠的声音：一旦发现地面上有狐狸和狼等敌人的时候，它们会发一连串的声音；如果发现空中有强敌来袭，它们的声音就会单调且冗长；如果敌人已经从空中降到地面，它们就每隔几秒发出一次警报。

洋话天天说

A：Did you wash your hands well？

B：Yes.

A：手洗干净了吗？

B：洗干净了。

有些动物的警报声，不仅本族的动物能分辨，就连其他动物也都能心领神会。如猎人来了，乌鸦居高临下，一下子就看见了，它“叽叽喳喳”地发出警报，野兔、野猪等就明白了，然后赶紧逃跑。

同学们，你是不是认为鱼类是“哑巴”呢？那你就错了，各种鱼类都有声音：沙丁鱼的叫声有时像哗哗的流水声，有时像惊涛拍岸声；黄花鱼的叫声有时像野猫的叫声，有时像吹口哨声；小青鱼的声音像小鸟在唱歌。

各种各样的气味

同学们，你注意了吗？你家的狗狗出去遛弯儿的时候，是不是边走边尿啊？你可别小看这一行为，这是狗狗在用气味做回家的标记呢。犀牛在行进途中，也是每隔一段距离就要排便，并用尾巴或蹄子踢散弄开，这也是留作回家的标记。

同学们，气味语言可是动物传递信息的重要方法哦。前苏联的科学家曾经用臭虫做过一个实验。小小的臭虫稍微受压一点点，就发出臭烘烘的“芳香”质，虽然量很小，但足以让周围的同伴不再爬向它所在的位置；如果再压得重一点的话，它发出的“芳香”质浓度就增大，表示这只臭虫要死了，警示同伴们千万不要过来。这时，附近的臭虫就会悄悄地远逃，或者安静地等待时机逃走。

思维对对碰

题目：世界上使用的语言很多，那么什么话是世界上用得最多的？（脑筋急转弯）

答案：电话

鹿也是通过气味来和同伴交流的，鹿的眼睛旁边长着能分泌一种强烈气味的分泌腺，它一般也是边走边把脸在树干上擦几下，这样树干上就留下了强烈的气味，同伴们闻到这种气味，就知道这条路很安全，它们就可以过来了。

神奇的“超声”能力

听到“超声波”一词，我们都觉得这是高科技领域的问题，而被我们认为低等的动物却很多都有“超声”能力呢。如蟋蟀、蝗虫、老鼠、蝙蝠等，它们就是用超声波进行通信的。

其中蝙蝠是我们最熟知的，蝙蝠具有在黑暗洞穴中不受阻碍地飞行和捕食的“特技”，被称为“活雷达”。其实蝙蝠的导航是基于“回声定位”的原理。蝙蝠在飞行的时候，它的喉咙里面能够产生超声波，超声波通过口腔发射出去。当超声波遇到昆虫或障碍物而反射回来时，蝙蝠能够用耳朵接收这一信息，并能判断目标是昆虫还是障碍物，以及离它有多远。蝙蝠在声音数据的收集和处理方面真是专家，不愧为“蝙蝠侠”啊！

在海洋馆看到可爱的海豚，我们都非常喜欢。海豚也有“超声”能力。海豚的头部结构像一个完整的声呐。它的头部具有瓣膜和气囊系统，通过这类系统发出超声波，当超声信号遇到障碍或其他水里的动物时，便形成低频的反射信号，再由海豚的耳朵或头部其他器官来接收这些信息，构成完善的声呐系统，这样海豚就能准确定位，不至于迷航。

小明的妈妈看着小明玩了很长时间，让他练钢琴他就是不听，妈妈便哄着他说：“亲爱的，去练钢琴吧！练完后我给你买一盒巧克力。”小明撅着嘴说：“可隔壁的林阿姨和我说，如果我不练钢琴的话，她会给我200块钱。”

动物的奇特通信

同学们，动物通信是指动物通过释放一种或是几种刺激性的信号，引起同伴产生行为反应。随着科技的发展，我们人类有了很多通信工具，如电话、手机、网络等。动物也有多种通信方式。

化学通信就是动物通过释放一些化学物质来影响或控制其他动物的行为，如释放体外激素，或者通过腺体分泌信息素。

当某些动物受到敌人攻击时，它就发出一种特殊的化学信号物质，使同伴得到信号以后，引起警觉或赶紧逃避。蚜虫受到敌害侵袭时，会从腹管中放出微量化学物质，就是警报信息素，警告伙伴们赶紧离开。

触觉通信也是动物王国存在的一种相当普遍的通信方式。有些动物视觉能力非常有限，有些动物生活在漆黑的洞穴中，没有办法使用视觉通信，所以他们就使用触觉通信来传递信息。

我们去动物园常常看见猴子们在互相“捉虱子”，其实这就是触觉通信。灵长类动物都有梳理毛发的行为，梳理毛发不是为了找虱子，而是动物间的一种交流形式，传达彼此的友好或者顺从的信息。

动物的通信和交流行为是通过自然选择演化而来的，每一类通信行为往往有着特殊的功能与进化过程。这一进化过程非常漫长，历经种种艰辛，“物竞天择，适者生存”，形成了适应每种动物自己的交流方式。

我来考考你

1. 小狗为什么边走边尿？
2. 你知道都有哪些动物有“超声”能力？
3. 什么是动物的化学通信？

第二章
原始简单的低等动物

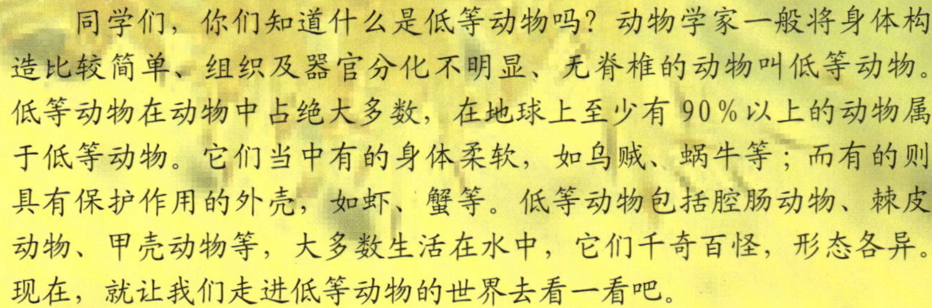

同学们，你们知道什么是低等动物吗？动物学家一般将身体构造比较简单、组织及器官分化不明显、无脊椎的动物叫低等动物。低等动物在动物中占绝大多数，在地球上至少有90%以上的动物属于低等动物。它们当中有的身体柔软，如乌贼、蜗牛等；而有的则具有保护作用的外壳，如虾、蟹等。低等动物包括腔肠动物、棘皮动物、甲壳动物等，大多数生活在水中，它们千奇百怪，形态各异。现在，就让我们走进低等动物的世界去看一看吧。

千奇百怪的腔肠动物

腔肠动物是低等的多细胞动物，都生活在水中，身体由内外两个胚层构成，因为它们由内胚层围成的空腔具有消化和水流循环的功能而得名。腔肠动物口周围有触手，触手表面有刺细胞，用来获取食物和防卫。下面，就给同学们介绍几种著名的腔肠动物。

塞下曲
卢纶

月黑雁飞高，单于夜遁逃。
欲将轻骑逐，大雪满弓刀。

漂亮的海葵

海葵是一种原始而简单的动物，因为它形状像葵花，又生活在海里，所以叫“海葵”。同学们，看一看图中的海葵，是不是很漂亮？可是，大家要记住，它看起来虽然像一朵无害的艳丽的鲜花，但实际上却是靠吃其他生物生活的食肉动物。它们多数固着在岩石等坚硬的物体上，平时一动不动地随着水流摆动，但只要有它能吃的小生物靠近，就会发动攻击，

用触手上的毒刺把小生物蜇晕。海里的小生物一不小心，就会成为它的美餐。它身上的毒刺很厉害，人如果被它蜇到，也会昏迷呢！

晶莹的水母

水母是一种有名的腔肠动物。水母的种类很多，全世界大约有250种。它们长得奇形怪状，有的像和尚帽子，人们叫它“僧帽水母”；有的像雨伞，人们叫它“雨伞水母”……水母浑身透明，它的身体能产生一氧化碳气体，这些气体能使它的身体膨胀起来。它们平常喜欢漂浮在海面上，当遇到敌害时，就会把身体里的气放出来，迅速沉入海底。水母也是一种食肉动物，它的触手上布满了刺细胞，能够射出毒液，它们就是靠这种毒液来猎取食物的。猎物被刺蜇后，会迅速麻痹而死。如果哪天同学们去海边游泳时，突然感到身上一阵刺痛，那准是水母作怪在刺人了。被水母蜇到会很疼，而且会很快地肿起来。不过，不要担心，只要在被蜇的地方抹上消炎药或食用醋，过几天就能消肿了。

洋话天天说

A：Do you understand？
B：I understand.
A：懂吗？
B：懂了。

美丽的珊瑚

在电视里，同学们一定看到过海里那些五彩斑斓的美丽的“珊瑚”。“珊瑚”其实是由一种微小的海生圆筒形状的腔肠动物——珊瑚虫的尸体堆积而成的。无数的小珊瑚虫生活在一起，它们会在一块礁石上生活，这块礁石就是它们这些小生灵的家。它们在这里成长，在这里死亡，随着它们的成长死亡，它们的硬壳不断堆积，最后形成了美丽的“珊瑚”。“珊瑚”形状多数是树枝状，“枝杈”的颜色一般为白色，也有少量蓝色和黑色。宝石级“珊瑚”为红色、粉红色、橙红色，红色是由于珊瑚虫在生命活动中吸收了海水中1%左右的氧化铁而形成的。

肚皮笑笑破

小丑鱼和海葵

小丑鱼，游海中，
高高兴兴乐无穷。
忽然敌人来进攻，
赶快躲进海葵中，
海葵身上全是刺，
扎得敌人直喊痛。

生命顽强的水螅

同学们，你听说过水螅吗？

水螅也和珊瑚虫一样，是一种腔肠动物。水螅身体的形状像手指头一样，个头很小，身上有 6 ~ 8 条布满刺细胞的小触手。最常见的有灰褐色的褐水螅、深绿色的绿水螅等。

水螅一般生活在水质洁净的池塘或小溪流中，附着在水草、落叶或水底岩石上。水螅的刺细胞外侧有刺针，当刺针受到刺激时，和一般的腔肠动物一样，就会把毒液射入敌害或猎物的身体里，将之麻醉或杀死。水螅的食物多为小型甲壳类动物（如水蚤）及昆虫的幼虫等。当水螅感知食物接近触手时，便立即射出刺针，把其麻醉或杀死，再用触手送入口内。水螅只有口，没有肛门，食物从口里吃进去，消化后的残渣仍从口排出来。

水螅的再生能力很强，如果将水螅的身体任意切成数段，每一小段都可以再生出一个完整的水螅，形成一个新的个体。很厉害吧！

题目：小明与小红的家均位于新兴的住宅地，相距 30 米。此地除这两家之外，还没有其他邻居，而且也没有安装电话。现在小明想邀请小红来家里玩，假设小明手上有画图纸、画笔与镜子，而小红有一架望远镜。在不去小红家邀约的情况下，小明用什么方法能最早通知小红？

答案：小明朝小红家大喊就行了。

我来考考你

1. 美丽的珊瑚是由____的尸体堆积而成的。
2. 你认识的腔肠动物都有哪些？
3. 小明不小心被水母蜇伤后，赶紧用自来水冲洗伤口，他的做法对吗？为什么？

五花八门的棘皮动物

棘皮动物全部生活在海中，这些动物的身体表面都长着许多长短不同的棘状物，所以叫“棘皮动物”。那么，著名的棘皮动物都有哪些呢？现在，就带同学们来了解一下吧。

海中“刺客”——海胆

同学们，你们看，这种动物像不像一个刺猬？这就是海胆。它是一种古老的海洋生物，在地球上已有上亿年的生存史了。它们的身体圆滚滚的，浑身长满了刺，因此人们给它起了一个外号，叫“海中刺客”。由于它们喜欢盐度高的海域，所以靠近江河入海处和盐度低的海水中很少分布。海胆喜欢栖息在海藻丰富的浅海岩礁林、石缝或珊瑚礁中，最爱吃海藻。

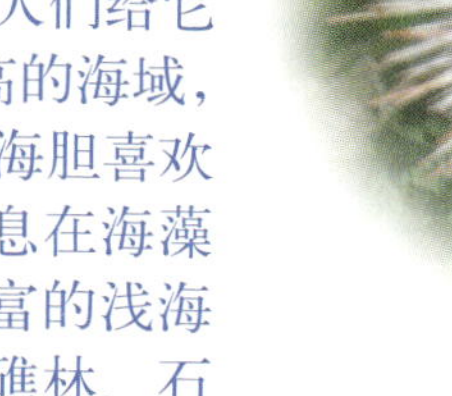

诗词贝贝乐

望洞庭

刘禹锡

湖光秋月两相和，潭面无风镜未磨。
遥望洞庭山水翠，白银盘里一青螺。

世界上现存的海胆有 850 多种，我国常见的有马粪海胆、大连紫海胆、心形海胆等。海胆的刺有长有短，有尖有钝，种类很多。海胆虽然浑身是刺，可是却特别胆小，只要一见敌人，就会马上躲起来。

海底之星——海星

海星与海胆一样都是棘皮动物。它们长得就像一个个五角星、六角星，因此，人们叫它们“海星”。海星的“角”其实是它的腕，通常有 5 个腕，但也有 4 个或 6 个腕的，有的多达 50 个腕。在每个腕下侧，都并排长着 4 列密密的“管足”，像一个个空心的吸管，大个儿的海星有好几千个管足。全世界有大约 1800 种海星，分布于从潮间带到海底的广阔领域。

洋话天天说

A：Is that clear？
B：It's clear.
A：清楚了吗？
B：清楚了。

海星的体形大小不一，小到 2.5 厘米、大到 90 厘米，体色也不尽相同，几乎每只都有差别，最多的颜色有橘黄色、红色、紫色、黄色和青色等。海星看上去一动不动的很安静，其实却是一种凶猛的食肉动物。它的主要捕食对象是一些行动较迟缓的海洋动物，如贝类、海胆、螃蟹和海葵等。它捕食时，慢慢接近猎物，用腕上的管足捉住猎物，并将猎物的整个身体都包住，然后将自己的胃袋从口中吐出，利用消化液让猎物溶解并被吸收。

海星还有一种特殊的能力——再生。海星的任何一个部位都可以重新生成一个新的海星。

海底的“黄瓜”——海参

在海参细长的、肉乎乎的身上长满了肉刺，很像一根黄瓜，所以人们形象地称它为“海黄瓜”。海参是一种古老的动物，已经在海洋里生活6亿多年了。海参的食物是海底的藻类和浮游生物。海参的颜色可随环境变化而变化。

海参在海底靠肌肉伸缩爬行，非常非常缓慢，每小时只能前进4米！当海参遇到敌害进攻无法脱身时，就会把身体急剧收缩，然后一下子将内脏从肛门挤出来，射向敌人。敌人往往吃了它的内脏后，对海参浑身是刺的身体就不感兴趣了，海参捡回了一条小命。为什么说海参捡回一条小命呢？海参没有了内脏，还能活么？当然能活。失去内脏的海参经过几个星期的生长，体内会重新长出内脏来，神奇吧？海参虽然有这么神奇的本领，但它却怕油怕脏，一滴油或一根头发就能让它溶化成水。可真够娇气的。

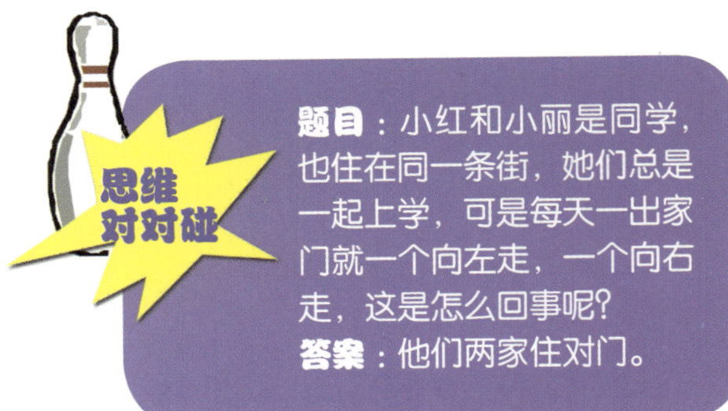

海里的蛇——海蛇尾

海洋里，有一种动物的外形与海星很相似，但是它的腕更加细长而且容易弯曲，这就是海蛇尾。海蛇尾的动作较灵敏，运动本领很强。海蛇尾沿着海底爬行时，有的腕前伸，有的腕拖后，像蛇一样蜿蜒前行，因此人们给它取名叫“海蛇尾”。

海蛇尾的种类很多，有2000多种，是棘皮动物中种类最多的一族。它们以海底淤泥中的有机物碎屑为食。它的腕长在一个圆盘状的身体上，伸缩非常自如。海蛇尾在受到攻击或感到有危险时，就会将部分腕甚至整个腕断掉，以此吸引天敌的注意力，然后乘机逃走。海蛇尾的再生能力比海星还要强，断去的腕可以长成新的个体，失去腕的个体又可以长出新的腕。

海蛇尾常常喜欢集群生活。爱尔兰西海岸的脆刺蛇尾的密度就高达每

肚皮笑笑破

老师问一个小学生。老师：“用肉眼来看，太阳小还是月亮小？”学生：“月亮小。”老师：“比月亮小的呢？”学生：“星星。”老师：“比星星小的呢？”学生：“比星星小？这个，不知道。”另一个学生举手说：“老师，我知道！”老师：“那你来说吧！”学生：“比猩猩小的是猴子。”

平方米至少1000个。海蛇尾集群现象可以维持很长的时间，有人统计过，它们可以在一起生活20年之久。

海底鲜花——海百合

有一种生活在幽深海底的、形态同百合花那样美丽的动物，人们叫它“海百合”。海百合是棘皮动物中最古老的种类，最早出现于距今4.8亿年前的奥陶纪早期，已经发现了5000多种化石。

人们常把海百合分为有柄海百合和无柄海百合两大类。有柄海百合以长长的柄固定在深海底，柄上有一个花托，包含了它所有的内部器官。它那细细的腕长得像羽毛一样，迎着水流翩翩漂荡，捕捉海水中的小动物为食。海百合一辈子扎根海底，不能行走，常遭鱼群蹂躏，曾有一批批被咬断“茎秆”，仅留下“花儿”的海百合，大难不死存活下来，进化成一种无柄海百合。这种无柄的海百合五彩缤纷，悠悠荡荡，四处漂流。为了生存，它们大白天钻进石缝和珊瑚礁里躲藏起来，入夜才偷偷摸摸成群出洞找食吃。它们能自由行动，身体又能随环境改变颜色，渐渐成了海百合家族中的旺族。而那种有柄的海百合，不能有效保护自己，数量也就日渐稀少，现存仅70余种，没准儿百年之后，它们便会给鱼儿吃得一个不剩，永远从大海里消失呢。

我来考考你

1. 长得像刺猬的棘皮动物是（　　）。
   A. 海胆　B. 海参　C. 海星
2. 海百合分为哪两大类？
3. 哪两种棘皮动物长得很像？

奇形怪状的软体动物

同学们，你知道吗，在海底世界里，有一种会给自己造“房子”的动物，它们能从自己的身体里分泌出石灰质，作为建筑材料来建造“房子”，这些动物就是贝类。因为它们的身体柔软，所以属于软体动物。它们造的“房子”就是那些五光十色的贝壳。除了贝类，还有很多种软体动物。下面，就让我们来看看软体动物里的明星们吧！

逃跑专家——乌贼

同学们，你听说过乌贼吗？右图所示就是乌贼，它的身体像个长着触手的橡皮袋子，内部器官都装在“袋子”里。

在海洋生物中，乌贼的游泳速度非常快。与鱼类靠鳍游泳不同，它是靠肚皮上的漏斗管喷水的反作用力飞速前进的，喷射能力就像火箭发射一样，在海水中游泳的速度通常可以达到每秒15米以上，最大时速可以达到150千米，是海洋中游得最快的动物。

乌贼有一套逃跑的本事。它体内有一个墨囊，囊内储藏着分泌的墨汁，遇到敌人时，就射出墨汁，使海水变黑，乌贼趁机逃跑。但是，乌贼墨囊里积储一囊墨汁需要相当长的时间，所以，乌贼不到十分危急之时是不会轻易施放墨汁的。

诗词贝贝乐

浪淘沙

刘禹锡

九曲黄河万里沙，浪淘风簸自天涯。
如今直上银河去，同到牵牛织女家。

深海怪兽——大王乌贼

同学们，你知道吗？在深海里，有一种凶猛的乌贼——大王乌贼，它可是世界上最大的乌贼。大王乌贼一般生活在大海深处，白天在深海中休息，晚上游到浅海找食吃。它们有10条触手，全身展开时一般长约20米。大王乌贼最大的特点是长着一对极长的触须。这对触须的长度能达到其身体总长度的2/3。

大王乌贼是一种食肉猛兽，它们一般生活在太平洋、大西洋的深海水域，是世界上最大的无脊椎动物。大王乌贼的性情极为凶猛，能与巨鲸搏斗。国外常有大王乌贼与抹香鲸搏斗的报道。这种搏斗多半是抹香鲸获胜，但也有过大王乌贼用触手钳住鲸的鼻孔，使鲸窒息而死的情况。

ABC 洋话天天说

A：May I ask you a question？
B：Sure，what is it？
A：我可以问一个问题吗？
B：当然，什么问题？

聪明的章鱼

同学们，认识左边这个丑丑的怪物吗？对了，这就是章鱼。章鱼长着圆鼓鼓的大眼睛和8只触手。章鱼的这8只触手可是力大无穷呢！它的每条触手上面都有300多个吸盘，可以运走比自己重 5 倍、10 倍甚至 20 倍的大石头，想想看，那得多大的劲儿啊！

章鱼不仅力大无比，而且足智多谋。每当章鱼休息的时候，总有一两条触手在“值班”，“值班”的触手不停地向着四周移动，高度警惕着有无“敌情”。如果外界真的有什么东西轻轻地触动了它的触手，它就会立刻跳起来，同时喷射出浓黑的墨汁来，以掩藏自己，并趁此机会观察周围情况，准备进攻或撤退。章鱼是一种极聪明的动物，有很好的记忆力，对掌握的经验永不忘记。形状古怪的章鱼却有如此好的“脑子”，实在令人称奇。

题目：有一只蜗牛从新疆维吾尔自治区爬到海南省为什么只需 3 分钟?

答案：它在地图上爬。

黏糊糊的蜗牛

蜗牛是陆生贝壳类软体动物，从古老的年代开始，蜗牛就已经生活在地球上。世界各地有蜗牛 25000 多种，不同种类的蜗牛体形大小各异，大的有 40 ~ 50 厘米，小的只有不到 1 厘米。蜗牛有一个比较脆弱的、圆锥形的壳，头部有两对触角，它的眼睛就长在其中一对较长的触角顶端。蜗牛是世界上牙齿最多的动物，虽然它的嘴大小和针尖差不多，但是却有 26000 多颗牙齿。蜗牛的腹面有扁平宽大的腹足，行走时，足下分泌黏液，降低摩擦力以帮助行走。蜗牛爬行得非常缓慢，速度最快的蜗牛每小时也只能爬出 12 米。

蜗牛一般生活在比较潮湿的地方，在植物丛中躲避太阳直晒。在寒冷地区生活的蜗牛会冬眠，在热带生活的种类旱季也会休眠，休眠时分泌出的黏液形成一层干膜封闭壳口，全身藏在壳中，当气温和湿度合适时就会出来活动。一般蜗牛以植物叶和嫩芽为食，因此是一种农业害虫。但也有肉食性蜗牛，以其他种类的蜗牛为食。

乌贼善放黑水，并以此来掩护躲避其他鱼类的进攻。渐渐的，它得意起来，经常故意到海边和海鸟戏耍。一天，一只海鸥正在沿海面低飞寻食，忽见岸边不远有团黑水，细细观察，发现黑水不时挪动位置，便断定这是一条游动的鱼。还在乌贼觉得得意地玩弄海鸟之际，海鸥俯冲而下，一口把乌贼叼走了。

美味的田螺

田螺俗称“螺蛳”“田嬴”“香螺”，生活在淡水水草茂盛的湖泊、水库、沟渠、稻田、池塘内。田螺有一个螺旋形状的贝壳。田螺和蜗牛一样，以宽大的腹足爬行，对干燥、寒冷、酷暑有很强的适应能力，遇干燥环境时将软体部缩入壳内，冬季潜入泥中冬眠。田螺以水生植物的叶、低等藻类等为食。中国各淡水水域、朝鲜、北美洲等地都有田螺的踪迹。

田螺是肉味鲜美、营养丰富的食品，深受世界各地人们的喜爱。“三月螺蛳四月蚌”，这是潜江的民谚，意为农历三四月正是潜江吃螺蛳和蚌的好时节。中国江汉平原人吃螺蛳还有绝招，他们把螺蛳和腊肉、豆渣粑做成所谓的“三味火锅”来吃。

我来考考你

1. 海洋里游得最快的动物是什么？
2. 大王乌贼有____条触手，章鱼有____条触手。

身披盔甲的甲壳动物

甲壳动物主要生活在海洋中，有的生活在地下水中，还有少数生活在陆地上。全世界共有 3 万多种。它们的身体由头部、胸部和腹部三部分构成，头部有两对触角。甲壳动物形态变化很大，最小的如猛水蚤体长不到 1 毫米，最大的巨螯蟹两螯伸展开时宽度有 4 米。

海底的清洁工——清洁虾

在海里，有一种奇怪的虾，叫“清洁虾”。它们的颜色非常鲜艳，身体分为头胸部 8 节，腹部 6 节，共 14 体节。清洁虾主要产自加勒比海。在热带地区我们也可以见到一些其他种类的清洁虾。

清洁虾以鱼类身上的死皮和寄生虫为食。鱼儿身上会寄生许多寄生虫和海藻之类的脏东西，弄得鱼儿们又痛又痒，十分难受，而清洁虾正是喜欢吃这一类的食物，所以,它们便吸附在鱼儿的身上,吃掉这些脏东西。这样，既能使清洁虾填饱肚子，鱼儿们又不必再忍受痛苦，因此它们能长时间地附在鱼类身上而不会被主人赶跑，它们便形成了有趣的共栖关系。

还有的清洁虾游动在珊瑚礁之间，以狭长的脚伸入珊瑚的缝隙或岩石狭缝中，拾小虫和珊瑚身上的寄生虫吃，所以人们又叫它“珊瑚礁虾”。

威武的大龙虾

龙虾是我们常见的甲壳动物，是世界上最大的虾。它的身体细长，大约 40 厘米，足很发达，但足的尾端没有螯，可以在海底爬行几十千米的距离。全世界共有龙虾 400 多种，北美洲是龙虾分布最多的大陆。

龙虾的眼睛是复眼，它的头里面不仅长了大脑，连胃也在头部。它长在腹部的腹足除步行外，平时都是卷曲的。靠里面有很多条小腹足，是雌虾孵卵的地方。

赋得古原草送别

（唐）白居易

离离原上草，一岁一枯荣。
野火烧不尽，春风吹又生。
远芳侵古道，晴翠接荒城。
又送王孙去，萋萋满别情。

龙虾喜欢集群生活，栖息在水草、石隙等隐蔽的地方。它们昼伏夜出，白天隐藏在水中较深处，很少活动，傍晚太阳下山后开始活动，多聚集在浅水边爬行觅食或寻偶。龙虾虽然也能游泳，但它们更喜欢爬行。下大雨天，龙虾还能上岸边作短暂停留，水中环境不适时也会爬上岸边栖息。龙虾生性好斗，在食物不足或争夺栖息洞穴时，往往出现恃强凌弱、欺小怕大现象。

神秘的招潮蟹

我国沿海和美国东部大西洋的许多海滩沙地上，生活着一种神秘的小蟹，小家伙只有大拇指指甲盖那么大，全身黑底蓝斑，眼睛长在两根长触角上。它们的习性同潮汐有关系。涨潮时，在沙滩上，它们就会挥舞着一大一小的螯，好像在召唤潮水快涨，因此，人们管它们叫“招潮蟹”。招潮蟹喜欢吃素食，像水草、蔬菜都是它的美食。

招潮蟹爱在泥里或者沙中筑洞。涨潮前，每只招潮蟹都会提前 10 分钟切一小圆块泥带回自己的洞穴。它们钻进洞中，放下泥块当盖子盖住洞。退潮时，招潮蟹从沙里爬出来，大模大样地在阳光下爬行，在港湾、河口的泥滩上，常常可以看到许多奇异的蟹跑来跑去，忙忙碌碌，活跃非常。

随时间的转换，招潮蟹的颜色也在不断地变化着，在黑夜里，蟹身呈黄白色，快日出时，颜色开始变深，到了黄昏时候，颜色又变淡了。

A：That’s my car.
B：Which one？
A：那是我的车。
B：哪辆？

娇弱的寄居蟹

寄居蟹与一般的蟹不同，它的腹部又长又软，本身没有坚硬的甲壳。但是，它有办法武装自己。寄居蟹会寻找到一种油螺，强硬冲进油螺的螺壳，用螯足将油螺杀死、撕烂，把自己的身体盘曲在里面，将螺壳据为己有。它用尾巴钩住螺壳的顶部，用螯挡住螺壳口，防止敌人进入。寄居蟹过一段时间就蜕一次皮，身体就长大一些，就需要找到新的螺壳安家了。

对寄居蟹来说，海葵是一个好伙伴。海葵行动迟缓，当寄居蟹长大要迁入另一个较大的新螺壳时，海葵会主动地移到新壳上。这样海葵和寄居蟹双方都得到好处：由于寄居蟹喜好在海中四处游荡，使得原本不便移动的海葵随着寄居蟹的走动，扩大了觅食的领域；而寄居蟹在觅食时，如果遇到敌人，海葵就会从刺细胞内喷出毒汁，帮助寄居蟹把敌人击退。

附着力强的藤壶

当我们在海滨漫步时，就会看到岩石上一簇簇灰白色、有石灰质外壳的小动物，这些小动物是节肢动物大家族中的又一分支，叫藤壶。藤壶的形状有点像马的牙齿，所以生活在海边的人们常叫它“马牙”。藤壶不但附着在礁石上，而且还能固着在船体上，任凭惊涛骇浪的打击也冲刷不掉。

它们为什么能牢牢地附着在岩礁和船体上呢？这是因为藤壶在每一次蜕皮之后，就要分泌一圈黏性的藤壶初生胶，这种胶含有多种生化成分，有极强的黏着力。目前，藤壶的这种奇特胶着力已引起人们的关注。一旦开发成功，这种“藤壶黏合剂”将在水下抢险补漏工作中大显威力。

甲壳动物中的活化石——鲎

思维对对碰

题目：有一辆没有开任何照明灯的卡车在漆黑的公路上飞快地行驶，天还下着雨，没有闪电、没有月光也没有路灯；就在这时，一位穿着一身黑衣的盲人横穿公路！在这千钧一发之际，汽车司机紧急刹车了，避免了一次恶性事故的发生。为什么会是这样呢？

答案：当时是白天。

鲎（hòu）的长相既像虾又像蟹，人们称之为“马蹄蟹”，是一种古老的动物。鲎的祖先出现在地质历史时期古生代的泥盆纪，当时恐龙尚未崛起，原始鱼类刚刚出现。随着时间的推移，与它同时代的动物或者进化，或者灭绝，而唯独鲎从4亿多年前出现至今仍保留其原始而古老的相貌，所以鲎有“活化石”之称。

鲎有四只眼睛。头胸甲前端有两只直径0.5毫米的小眼睛，小眼睛对紫外光最敏感，这对眼睛只用来感知亮度。在鲎的头胸甲两侧有一对大复眼，每只眼睛由若干个小眼睛组成。人们发现鲎的复眼有一种侧抑制现象，也就是能使物体的图像更加清晰，这一原理被应用于电视和雷达系统中，提高了电视成像的清晰度和雷达的显示灵敏度。为此，这种亿万年默默无闻的古老动物一跃而成为近代仿生学中一颗引人瞩目的“明星”。

肚皮笑笑破

有一天，龙虾开着车路过一条狭窄的小巷，遇见了同样开车的螃蟹。

“你让一让。”龙虾说。“你为什么不让我呀！”螃蟹同样不肯让。两人都不肯让，这样下去也不是办法，于是两人决定猜拳。

他俩比了一天都没有结果。眼看天黑了，这时来了一个乌龟。乌龟看着他俩哈哈大笑，说到：“两个傻瓜都出剪子，一辈子也没完呀！”

我来考考你

1. 为什么清洁虾能给别的动物治病？
2. 寄居蟹最喜欢和谁在一起生活？
3. 世界上最大的虾是（　　）。
   A. 对虾　B. 清洁虾　C. 龙虾

第三章 古老的两栖、爬行动物

同学们，你知道两栖动物和爬行动物是怎么出现的吗？距今4.4亿年前，一些像鱼的脊椎动物出现在地球上，它们没有上下颌，也没有成对的鳍，主要生活在水底。又过了很多很多年，这些动物都慢慢地进化了，它们形成了好多分支。其中有一支尝试着逐步爬上了陆地，成为最古老的两栖动物。随后又过了很多年，从两栖类中分化出一支能够在陆上产卵和繁殖后代的代表，它们就是最早的爬行动物。

身怀绝技的两栖动物

同学们，你知道吗？有一类动物既能在水中生活，又可以在陆地上生活，这就是两栖动物。通过研究，科学家们确定两栖动物是由鱼类进化而来的。最初，一些鱼演化出肺，这样它们就可以直接呼吸空气，然后鳍演化为脚，使它们从水中迈向陆地。下面，让我带大家看看都有哪些有趣的两栖动物吧！

>> 皮肤能呼吸的蝾螈

左图是一种著名的两栖动物——蝾螈，人们又称它“火蜥蜴”。它们大部分栖息在北半球温带的淡水和沼泽地区。蝾螈身体短小，有4条腿，皮肤潮湿，体长10～15厘米，大多都有明亮的色彩和显眼的模样。因为蝾螈的体表具有渗透性，导致了水分的散失，所以多数的蝾螈都生活于潮湿的环境中。成年的蝾螈大多白天躲藏起来，晚上才出来觅食。有些则在繁殖季节才从地底下出来，或者是到温度和湿度适合于它们生存的时候才会露面。蝾螈的种类很多，有日本的剑尾蝾螈和红腹蝾螈，中

诗词贝贝乐

池　上

（唐）白居易

小娃撑小艇，偷采白莲回。
不解藏踪迹，浮萍一道开。

国的东方蝾螈、蓝尾蝾螈和呈贡蝾螈，北美的虎螈等。它们通常用四只脚爬行，很少游泳，多在水底觅食蚯蚓、软体动物、昆虫幼虫等。蝾螈的视觉较差，主要依靠嗅觉捕食。蝾螈具有相当强的生命力，它的自愈能力相当优异，有时它们不小心断个胳膊少个腿的也不怕，不出多久便会长出新的。

有趣的蛙类

两栖动物中有一个大家族，这就是蛙类。蛙类大约有4300种，绝大部分生活在水中，也有生活在雨林潮湿环境的树上的。蛙类最小的只有七八毫米，大的有一尺多长。它们皮肤光滑，舌尖分两叉，舌根在口的前部，倒着长回口中，能突然翻出捕捉虫子。蛙有三个眼睑，其中一个是透明的，在水中保护眼睛用，另外两个上下眼睑是普通的。头两侧有两个声囊，可以产生共鸣，放大叫声。有的蛙类皮肤能分泌毒液以防天敌。生活在亚马孙河流域雨林中的一种树蛙——箭毒蛙，其分泌物被当地印第安人用来制作毒箭，见血封喉。蛙类分布在除加勒比海岛屿和太平洋岛屿以外的全世界。蛙类的食物基本和蟾蜍类相似，也是以昆虫为主，但大型蛙类可以捕食小鱼甚至小鼠。

A：How early should we leave？
B：Let's leave at 7：30 am.
A：咱们多早出发合适？
B：早晨7：30吧。

会爬树的树蛙

树蛙种类很多，多分布于亚洲东部和东南部亚热带和热带湿润地区。多种树蛙栖息在潮湿的阔叶林区及其边缘地带，体背多为绿色或随环境而异。

树蛙的脚上有又大又厚的四只趾，趾端长着很多纤细的毛，上面还附着一层类似黏胶的物质。有了这样宽大的足垫，即使在光滑的玻璃上，树蛙也能抓握得十分牢固。树蛙一般在白天睡觉，夜间出来活动。它们的身上长满了大斑点，皮肤下有丰富的腺体，能够保持湿润，辅助肺部呼吸。到了冬季，树蛙几乎全靠皮肤呼吸。树蛙多以小虫为食，如面包虫等。

浑身是宝的癞蛤蟆

说起癞蛤蟆，大家一定都不会陌生。癞蛤蟆的学名叫“蟾蜍”，这种动物容颜丑陋，不时地在田埂道边钻来爬去，常被人们所厌恶。但是，蟾蜍却是农作物害虫的天敌，据科学家们观察研究，在消灭农作物害虫方面，它要胜过漂亮的青蛙，它一夜吃掉的害虫要比青蛙多好几倍。癞蛤蟆平时栖息在小河、池塘的岸边草丛内或石块间，白天不活动，

傍晚爬出来捕食。它捕食的对象是蜗牛、蛞蝓、蚂蚁、蝗虫和蟋蟀等。癞蛤蟆喜欢在黄昏或暴雨过后，出现在道旁或草地上。如被人们用脚碰一下，它会立即躺着一动不动装死，非常有趣。每当冬季到来，它便潜入烂泥内，用发达的后肢掘土，在洞穴内冬眠。

常见的蟾蜍只不过拳头大小，可是在南美热带雨林地区，却生活着长达 25 厘米的巨大蟾蜍。

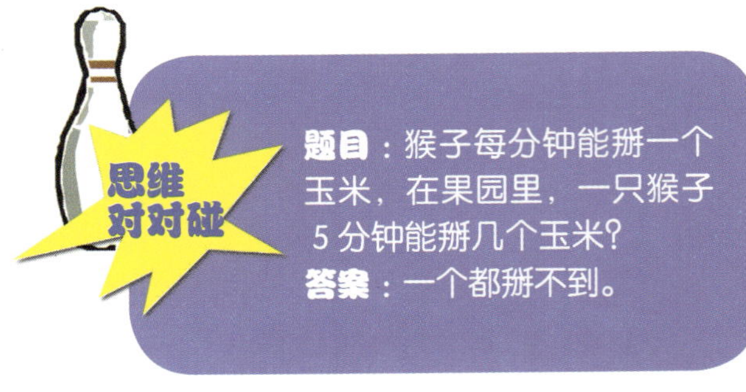

可爱的娃娃鱼

同学们听说过娃娃鱼吗？娃娃鱼学名“大鲵”，它实际上并不是鱼，而是世界上体形最大的两栖动物。它的外形有点像壁虎，一般长 0.6 ～ 1.2 米，体重 10 ～ 20 千克。据说它的叫声像婴儿的啼哭，所以人们叫它“娃娃鱼”。大鲵长着四条又短又胖的腿，前脚有四趾，后脚有五趾，尤其是前脚连同它的四趾很像婴儿的手臂，憨态可掬，非常可爱。娃娃鱼一般生活在低山地区清凉的溪流中，白天栖息在石缝或岩洞中，夜间出来寻找水中的鱼、虾、蟹、蛙和水生昆虫等当作晚餐。它们不善于追捕，只能隐蔽在滩口的乱石间“守株待兔”，发现猎物经过时，进行突然袭击。娃娃鱼有很强的耐饿本领，甚至两三年不吃也不会饿死。

由于娃娃鱼的肉味鲜美，因此经常遭到捕杀，数量急剧下降。为了保护它们，国家已经将其列为二级保护动物。如果你看到有人在伤害娃娃鱼，一定要阻止哦。

个头儿最大的非洲巨蛙

同学们，光从名字我们就可以知道，非洲巨蛙是蛙类家族中个头儿最大的。一只成年雄蛙体重足足有 2.5 千克，身长 1 米多，如果把它的两条腿拉开，身长可达 2 米多呢。

非洲巨蛙的生活环境十分特别，它生活在喀麦隆南部和赤道几内亚北部炎热潮湿的原始森林和大河中，这里年平均温度为 25 ～ 29℃。非洲巨蛙长长的后腿十分有力，它的弹跳能力很强，可以跳到 5 米多高，20 世纪 80 年代，美国还从非洲大量进口这种巨蛙进行“跳高比赛”呢。

近年来，由于附近的村民砍伐森林和开荒种田，致使巨蛙生活的环境遭到严重破坏。尤其是人类的大肆捕杀，使这种罕见的蛙类正面临灭绝的危险，它的名字已经列入《华盛顿条约》规定的禁止国际交易的濒危物种的红色名单。

大嗓门的牛蛙

同学们，去饭店时吃过牛蛙这道菜吗？牛蛙肉质细嫩、味道鲜美、营养丰富，备受人们的喜爱。

牛蛙原产于美国东部，后被引进美国西部和其他国家。为什么叫牛蛙呢？因为它的叫声非常大，远远听去酷似牛叫，因而得名。

牛蛙是北美最大的蛙类，身长约 20 厘米，后肢长达 25 厘米。牛蛙生活在静水中或其附近，体形与一般蛙相同，头部宽扁，眼球外突，分上、下两部分，下眼皮上有一个可折皱的瞬膜，可将眼闭合。背部略粗糙，有细微的肤棱。四肢粗壮，前肢短，后肢长。肤色随着生活环境而多变，通常背部及四肢为绿褐色，背部带有暗褐色斑纹；头部及口缘鲜绿色；腹面白色；咽喉下面的颜色随雌雄而异，雌性多为白色、灰色或暗灰色，雄性为金黄色。

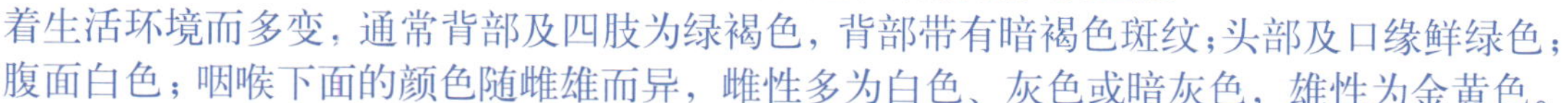

牛蛙体大肉肥，是世界著名的肉用型蛙类，特别是蛙腿在国际市场上很畅销。牛蛙除供人们食用外，蛙皮还可以制革，加工后的皮革经染色处理，可以制成精美的皮鞋、手提包及手套等。

身材魁梧的虎纹蛙

虎纹蛙个头儿长得非常魁梧，有“亚洲之蛙”之称，又叫“水鸡”。虎纹蛙已被列为国家二级重点保护动物。虎纹蛙雌性比雄性大，体长可超过 12 厘米，体重 250 ~ 500 克。皮肤极为粗糙，头部及体侧有深色不规则的斑纹，前后肢亦有横斑。由于这些斑纹看上去略似虎皮，因此得名。

虎纹蛙的头部一般呈三角形，属于水栖蛙类，常生活于丘陵地带海拔 900 米以下的水田、沟渠、水库、池塘、沼泽地等处以及附近的草丛中。白天多藏在深浅不同、大小不一的各种石洞和泥洞中，仅将头部伸出洞口，如有猎物活动，就迅速捕食，如果遇到敌害则隐入洞中。

虎纹蛙主要以鞘翅目昆虫为食，约占食物量的 36%，它还吃泽蛙、黑斑蛙等蛙类和小家鼠，而且它们在虎纹蛙的食物中占有很重要的位置。虎纹蛙不仅长了一身虎纹，也是蛙类中名不虚传的“猛虎”。

虎纹蛙的舌根生在下颌前端，舌尖分叉，捕食时黏滑的舌头迅速翻转，射出口外将昆虫捕获，卷入口中。它还有自己独特的捕食方式，当发现猎物时，就向猎物跳过去，举头后仰并张开下颌，迅速伸出舌头一挥，扫出一个 180° 的弧线，在完成摆动前就准确地触到猎物，它的长而柔软的舌头便会将猎物包住，接着迅速地缩回舌头，把猎物带进口中，再吞到胃里。这么复杂的过程只需一瞬间就完成了，很厉害吧。

肚皮笑笑破

小王在屋旁挖了一个池塘。一到夏天晚上，池塘里的蛤蟆就呱呱叫，吵得他睡不好觉。一气之下，他就把池塘卖给了别人。他想，这下就该安安宁宁睡觉了。

不料，天一黑，蛤蟆还是不停地叫。他又烦又气，就想：“这是咋回事呢？我连池塘都卖给别人了，蛤蟆咋还要烦我呢？”

最大的蟾蜍——海蟾蜍

同学们，你知道世界上最大的蟾蜍是什么吗？海蟾蜍当之无愧。野生状态下，雌海蟾蜍的重量常常超过 1 千克。瑞典的一只海蟾蜍还被列入《吉尼斯世界纪录大全》呢，这只海蟾蜍重达 2.65 千克，长达 38 厘米，完全伸展则长达 54 厘米。

海蟾蜍原先被用来清除甘蔗上的害虫，所以又叫“甘蔗蟾蜍”“蔗蟾蜍”或“蔗蟾”。为了控制甘蔗园中的虫害，澳大利亚人曾经作过一个错误的决定，1935 年他们首批引进了 20 只海蟾蜍，到 1937 年总共大约有 6 万只海蟾蜍被引入澳大利亚。他们想让海蟾蜍把甘蔗虫吃光。然而事与愿违，海蟾蜍不但没有起到除虫的作用，反而带来了一场灾难。甘蔗地的食物无法满足海蟾蜍的营养需要，它们胃口很好，可以吃掉身边所有的可吃食物，这对当地的食物链造成了严重的负面影响。

海蟾蜍眼睛后有很大的腮腺，背部也有其他的分泌腺。当受到威胁时，它们会分泌一种奶白色的液体，称为“蟾毒素”。蟾毒素对于多种动物都是有毒的，因此海蟾蜍几乎不怕任何食肉动物，甚至有人因食用海蟾蜍而死亡。

蟾毒素在澳大利亚被列为一级药物，与海洛因及大麻同类。

我来考考你

1. 被称为“火蜥蜴”的动物是_____。
2. 最毒的蛙类是（　　）。
   A. 蟾蜍　B. 树蛙　C. 箭毒蛙
3. 娃娃鱼是鱼吗？

古老的两栖爬行动物

有一类奇怪的爬行动物，它们的身体结构是爬行动物，但却与别的爬行动物不同，它们不喜欢在陆地上生活，生活习性和两栖动物相似，喜欢生活在水里，科学家就把它们叫作“两栖爬行动物”。下面，就带大家看看这类动物都有什么神奇的地方吧！

长寿的乌龟

说起乌龟，同学们一定非常熟悉。乌龟是一种典型的两栖爬行动物，自古就代表着长寿、有灵性，深受人们的喜爱，在公园、寺庙及观光场所，人们往往都能看到它们的身影。

野生的乌龟一般生活在河、湖、沼泽、水库和山涧中，有时也上岸活动。在自然环境中，乌龟喜爱吃蠕虫、螺类、虾及小鱼等，也吃植物的茎叶。乌龟是一种变温动物，在气温 15℃以上时，活动正常且大量摄食，而气温在 10℃以下时则进入冬眠状态。每年 4 ~ 10 月，乌龟活动频繁，在此期间，每天日落时，乌龟便开始在水中游动觅食，一直到天明前才停止觅食，潜入水中，并且常常在晴天上午 10 时到下午 16 时爬上岸，静静地在岸边晒太阳。6 ~ 8 月是乌龟最能吃的时候，但到了 10 月，它们的食量就开始逐渐下降了，直到 11 月，它们会找到温暖的洞穴去冬眠，一觉睡到次年 3 月开春时才醒来。

诗词贝贝乐

忆江南

白居易

江南好，风景旧曾谙。
日出江花红胜火，
春来江水绿如蓝。
能不忆江南？

海中遨游的海龟

海龟是存在了 1 亿年的史前爬行动物，它们也是两栖爬行动物的代表，生活于近海上层，广布于大西洋、太平洋和印度洋。与陆龟不同的是，海龟不能将它们的头部和四肢缩回到壳里。像船桨一样的前肢主要用来推动海龟向前，而后肢就像方向舵，在游动时掌控方向。海龟能在海中自由自在地遨游，它们可以在水下待上几个小时。

海龟主要以鱼类、甲壳动物以及海藻等为食。它们的背甲呈心形，盾片镶嵌排列。每年 4 ~ 10 月，雌海龟就会在夜间偷偷地爬到岸边沙滩上，用前肢挖出一个大坑，把卵产在坑里后用沙子埋好。即使它们这么小心，但在孵化期的 40 ~ 70 天内，由于各种狡猾的天敌的伤害，幼海龟的成活率只有千分之一。

海龟的种类很多，比较著名的有棱皮龟、蠵（xī）龟（红头龟）、玳瑁、橄榄绿鳞龟、大海龟、绿海龟、黑海龟（太平洋丽龟）和平背海龟等。最大型的海龟是棱皮龟，长达 2 米，重达 1 吨。最小的是橄榄绿鳞龟，有 75 厘米长，40 千克重。所有的海龟都被列为濒危动物。尤其是大海龟和棱皮龟，是所有海龟中面临绝种危险最大的种类。

A：When does summer break start？
B：On July 25th.
A：暑假什么时候开始?
B：7 月 25 号。

凶残的鳄鱼

鳄鱼也是两栖爬行动物的一类，除少数生活在温带地区外，大多生活在热带、亚热带地区的河流、湖泊和多水的沼泽，也有生活在靠近海岸的浅滩中。鳄鱼大多性情凶猛，喜爱吃鱼类和蛙类等小动物。鳄鱼捕食时，总是慢慢地爬近猎物或是趴下来等

着伏击它们。猎物会被它们用颌的一侧猛地咬住，被其头部喷出的水柱击倒，然后再被拖入水中淹死。鳄鱼还捕食同类，互相吞食，因此，小鳄鱼群会避开大鳄鱼们，以免被它们吞食。世界上现存的鳄鱼共有20余种，我国的扬子鳄、泰国的湾鳄都是有名的品种。

危险的马来鳄

马来鳄生活在马来半岛、加里曼丹、苏门答腊、爪哇的淡水沼泽、湖泊和河流中，捕食鱼类和其他脊椎动物，十分凶猛狡猾，曾经多次发生过爬上渔船袭击渔民的事件。马来鳄平均体长为3米，但有的也达到4米。马来鳄口鼻部很细长，口内有80枚大小一致的牙齿。

历史上马来鳄的分布远比现在要广，几百年前还曾出现于中国南方。由于各种因素的影响，马来鳄如今已属于濒危动物。

题目：一年里，有些月份像一月份有三十一日的，也有些月份像六月份有三十日的。请问，有二十八日的有哪几个月份呢？

答案：每个月都有。

体形巨大的湾鳄

湾鳄也叫“咸水鳄”“河口鳄”“海鳄”。吻较钝，背面橄榄色或棕色，腹面苍白，四肢粗壮，趾基有蹼。湾鳄的牙齿总数为64～68颗。成体较大者全长6～7米，最长达10米，体重超过1吨。在湾鳄长筒形的躯干上，长着一条又粗又扁的大尾巴，长度惊人，超过了头和身体的总和，是它的重要战斗武器。湾鳄生活在海湾里或潮汐带，主要分布于东南亚沿海直到澳大利亚北部。它们在淡水江河边的林荫丘陵附近筑巢。它们经常潜伏在水下，只露出眼、鼻，只有在午后才出来晒晒太阳。它们主要以鱼、蛙、虾、蟹等为食，也吃小鳄、龟、鳖。

擅长挖洞的扬子鳄

扬子鳄是我国特有的鳄种，主要分布在我国安徽、浙江、江西等地的局部地区，为国家一级保护动物，严禁捕杀。

扬子鳄生活在淡水里，长约2米，不如非洲鳄和泰国鳄的体形那么巨大，以鱼、蛙、田螺和河蚌等作为食物。尾长与身长相近。头扁，吻长，四肢短粗。身体背面为灰褐色，腹部前面为灰色，自肛门向后灰黄相间。

有两个傻子想开鞋店，听说鳄鱼的鞋值钱，他们就去河里抓鳄鱼了，还真没少抓，都40多只了。一个傻子说："大哥，抓到第50只鳄鱼它要是再没穿鞋咱就别抓了！"

扬子鳄具有高超的挖洞打穴的本领，头、尾和锐利的趾爪都是它的挖洞打穴工具。俗话说"狡兔三窟"，而扬子鳄的洞穴还超过三窟。它的洞穴常有好几个洞口，有的在岸边滩地芦苇、竹林丛生之处，有的在池沼底部，地面上有出入口、通气口，而且还有适应各种水位高度的侧洞口。洞穴内纵横交错，好似一座地下迷宫。

我来考考你

1. 你知道的两栖爬行动物都有哪些？
2. 不能缩进壳子里的龟是什么龟？
3. 在中国生活的鳄鱼是（　　）。
   A. 马来鳄　B. 湾鳄　C. 扬子鳄

陆地上的爬行动物

爬行动物是地球上一个古老的动物家族。它们的体温会随外界温度改变而改变，身体分为头、躯干和尾巴三部分，以肺呼吸。爬行动物的嗅觉较为发达，具有探知化学气味的感觉功能。它们的身体上长着一种具有"红外线感受器"作用的器官，能对环境、温度的微小变化做出反应。它们以产卵方式繁殖，卵产出后借日光孵化，也有少数具有孵卵行为的物种。如今，陆地上主要的爬行动物是蜥蜴类和蛇类。

古老的恐龙家族

说起恐龙，同学们一定不会陌生。恐龙出现于2.35亿年前，是中生代以前陆地上的霸主。它们在6500万年前白垩纪结束的时候突然全部消失，成为地球生物进化史上的一个谜，这个谜至今仍未解开。

地球上过去的生物，均被以化石的形式保存下来。中生代以前的地层中，人们

小儿垂钓

胡令能

蓬头稚子学垂纶，侧坐莓苔草映身。
路人借问遥招手，怕得鱼惊不应人。

发现许多恐龙的化石。其中可以见到大量呈现各式各样形状的骨骼化石。由对化石的研究，人们知道了很多种类的恐龙。它们的体形和习性相差很大。其中个子大的，可以有几十头大象加起来那么大；小的，却跟一只鸡差不多。就食性来说，有温顺的草食者，如雷龙、三角龙、剑龙、甲龙；也有凶暴的肉食者，如霸王龙、双龙等；还有荤素都吃的杂食性恐龙，如禽龙等。

脖子上撑伞的伞蜥

伞蜥拥有长长细细的尾巴，光尾巴就占了身长的2/3，个性也十分温和而且活泼。伞蜥生活在澳大利亚北部森林中，体色由茶色、棕色到灰色甚至黑色都有。

称它为伞蜥，是因为它的头颈部被一个可张开的皱边围绕着。当它受到惊吓时，这个皱边就会像雨伞一样打开，并张大嘴巴，威慑力十足。如果这一招还不能吓走敌人，伞蜥就会逃跑。它跑时单靠两条后腿，尾巴则起着平衡的作用。伞蜥的食量很大，食物以昆虫为主，蟋蟀、面包虫、蟑螂甚至小鼠都是它不错的食物。

浑身是刺的棘蜥

棘蜥生活在澳大利亚的沙漠及其他干旱地区。它像一根会行走的蔷薇树干，浑身长满了刺。它会向任何可能的入侵者露出尖刺。它的头上还长角，因此看上去很危险。但实际上这是在虚张声势，它其实完全无害，根本没什么攻击力。

棘蜥只吃蚂蚁，而且一次只用舌头卷起一只蚂蚁放入嘴里，一餐能吃 1000 ～ 5000 只，因此它进食的时间很长。幸好饱餐一顿后，棘蜥可以维持很长的一段时间不再进食，否则真的太费事了。

ABC 洋话天天说

A：When was the opening ceremony？
B：January 8th.
A：开学典礼是哪天？
B：1 月 8 日。

伪装高手——变色龙

变色龙学名叫“避役”，意思就是可以不出力就能吃到食物。变色龙的种类约有 160 种，主要分布在非洲大陆和马达加斯加岛。变色龙体长 15 ～ 25 厘米，四肢很长，非常适于握住树枝。它的眼睛非常奇特，眼帘很厚，呈环形，两只眼球突出，转动自如，左右眼可以各自单独活动，双眼各自分工前后注视，既有利于捕食，又能及时发现后面的敌害。变色龙的主要食物是昆虫。它有很长很灵敏的舌，舌尖上有腺体，能分泌大量黏液粘住昆虫。变色龙会随着背景、温度的变化和心情而随时改变自己身体的颜色。

墙壁上的小老虎——壁虎

壁虎是蜥蜴目的一种，它身体扁平，四肢较短，趾上有吸盘，能在壁上爬行，吃蚊、蝇、蛾等小昆虫。壁虎的体长约 10 厘米，眼大，无活动眼睑，所以它的眼睛永远是睁开的不能闭合。它的四肢的趾扁平扩展，下面形成皮肤褶皱，上面长有微细腺毛，有极强的黏附能力，可在墙壁和天花板上迅速爬行。壁虎生活于建筑物内，夏秋的晚上常出没于有灯光照射的墙壁、天花板、檐下或电杆上，白天潜伏于壁缝、瓦角下、橱柜背后等隐蔽处，是善于捕食蚊蝇的“壁上小老虎”。

壁虎适应环境的能力很强，从沙漠到丛林都有它们的足迹。壁虎主要产于我国西南及长江流域以南诸地区，在日本和朝鲜也有分布。

世界上最大的蜥蜴——科莫多巨蜥

印度尼西亚的科莫多岛上生活着世界上最大的蜥蜴——科莫多巨蜥，岛上的居民也称它们为“科莫多龙”。它们皮肤粗糙，生有许多隆起的疙瘩，口腔生满巨大而锋利的牙齿。

成年的科莫多巨蜥一般身长 3.5 ~ 5 米，体重 100 ~ 150 千克。它捕食动物时凶猛异常，奔跑的速度极快，以岛上的野猪、鹿、猴子等为食。它那巨大而有力的长尾和尖爪是捕食动物的“工具”，只要成年的巨蜥一扫尾巴，就可以将 3 岁以下的小马扫倒，然后一口咬断马腿，将马拖到树丛中吃掉。因此，生活在科莫多岛上的野鹿、野猪、山羊和各种猴子，见到巨蜥就逃。

题目：小明对妈妈说：“我可以坐在一个你永远也坐不到的地方！”他坐在哪里？
答案：妈妈的身上。

科莫多巨蜥仅存不到 3000 只，是目前世界上最珍贵的动物之一。

种类繁多的蛇

提起蛇，同学们可能脑子里一下就出现了这些细细长长、不停吞吐着舌头的可怕动物。

那么，你知道吗？蛇还是一种古老的动物呢！它们存在的历史，比人类的历史可长得太多了，在距今1.5亿年前的侏罗纪，地球上就已经有蛇了。

蛇的身体细长，身体表面覆盖鳞片。它们没有四肢，靠肚皮底下的腹鳞和身体的伸屈来移动。大部分蛇都是陆生的，也有半树栖、半水栖和水栖的蛇。它们以鼠、蛙、昆虫等为食。有的蛇无毒，有的蛇有毒，最早出现的蛇是没有毒的，后来才进化出了有毒的蛇。毒蛇和无毒蛇的体征区别有：毒蛇的头一般是三角形的，口内有毒牙，牙根部有毒腺，能分泌毒液，一般情况下尾很短，并突然变细；无毒蛇头部一般呈椭圆形，口内无毒牙，尾部逐渐变细。蛇的种类很多，遍布全世界，而热带最多。

最怕变温的蟒

蟒蛇是世界上最大的较原始的蛇类，主要特征是体形粗大而长，体长可达六七米，重几十千克。蟒蛇的体表花纹非常美丽，对称排列成云状的大片花斑。蟒蛇上下唇两侧有唇窝，是灵敏的红外线探测器官。蟒蛇多栖息在温暖湿润的热带、亚热带山林中，对温度很敏感，最适宜25～35℃下生存，15℃时会全身麻木，5℃以下就会死亡。但温度太高也不行，超过35℃就要躲到阴凉的地方，否则会被晒死。

它常常挂在树上，静静等候猎物靠近后，突然一口咬住，再用身体紧紧缠绕，直到猎物窒息死亡后再吞下肚去。它的胃口很大，一次可吞食与体重相当或超过体重的动物，大到野猪、野羊、麂子，小到老鼠、鸟、鱼和蛙都是它的美餐。

性情凶猛的眼镜蛇

眼镜蛇是一种有剧毒的蛇，在民间的俗称有“饭铲头”“吹风蛇”“饭匙头”等，体长可达2米。它生活在平原、丘陵、山地的各种环境中，喜欢独居和昼夜活动。它性情凶猛，遇到异常或被激怒时，头会昂起且颈部扩张呈扁平状，状似饭匙，这时背部的眼镜圈纹愈加明显，发出“呼呼”声，来恐吓敌人。眼镜蛇是肉食动物，以鱼、蛙、鼠、鸟及鸟卵等为食。它的嘴前部有一对固定的有毒锯齿，却不能将食物撕开，而是先把猎物毒死，再整个吞下去。

狡猾的响尾蛇

能够用尾巴发声的动物确实是很罕见的。在南北美洲大陆的一些地区，大名鼎鼎的响尾蛇的尾巴就有这种功能。响尾蛇尾巴的尖端地方，长着一种角质链状环，围成了一个空腔，仿佛是两个空气振荡器。当响尾蛇不断摇动尾巴的时候，空腔内形成了一股气流，一进一出地来回振荡，就发出了"嘶嘶"的声响，用来警告敌人和引诱小动物。响尾蛇眼和鼻孔之间的颊窝，是热能的灵敏感受器，可用来测知周围敌人的准确位置。它喜食鼠类、野兔，也食蜥蜴、其他蛇类和小鸟。

响尾蛇奇毒无比，足以将被咬噬之人置于死地，且死后的响尾蛇也同样危险。美国科学家的研究指出，响尾蛇即使在死后 1 小时，仍可以弹起施袭。

肚皮笑笑破

怀孕妈妈问 5 岁的儿子："你想妈妈生个弟弟还是生个妹妹？"

儿子仔细地想了一会儿，说："我想要只恐龙。"

带毒牙的蝰蛇

在美国境内，生活着大量的蝰蛇。蝰蛇体长约 1 米，重达 1.5 千克，头呈宽阔的三角形，生活在平原、丘陵或山区。炎热时喜欢栖息在阴凉通风处，以鼠、鸟、蜥蜴为食。

蝰蛇代表着蛇类进化的最高层次，具有一些其他蛇科动物没有的特征。例如，蝰蛇的毒牙很特殊，它的毒牙连着特殊的关节，直至猎物死亡的最后一刻才弹开，就像弹簧刀一样。不用时，毒牙还可以收起来。它还有出色的追踪技能。当毒液注入猎物体内后，如果猎物逃出了蝰蛇的视线，蝰蛇也不急着追赶。猎物会留下一条热感应轨迹，毒液还会刺激猎物排尿，从而留下强烈的气味。热感应轨迹变凉以后，蝰蛇只需改变策略，循着气味，等待猎物被毒死后，再追踪上去享受美食。

我来考考你

1. 你知道的生活在陆地上的爬行动物都有哪些？
2. 世界上最大的蜥蜴是（　　）。
   A. 伞蜥　B. 棘蜥　C. 科莫多巨蜥
3. 最早的蛇出现在（　　）。
   A.1500 年前　B.15000 年前　C.1.5 亿年前

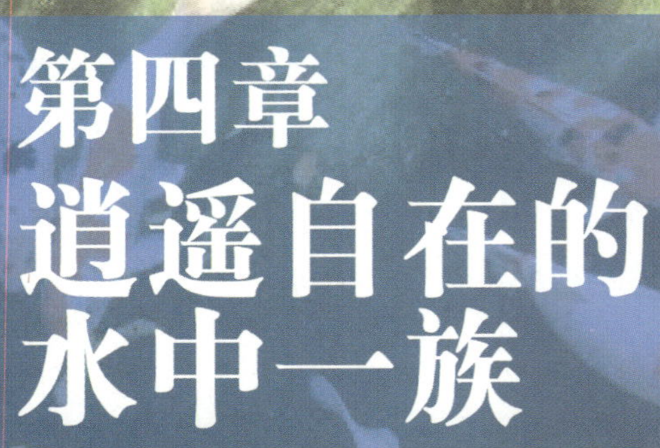

第四章 逍遥自在的水中一族

鱼类是最古老的脊椎动物。它们几乎栖居于地球上所有的水生环境，从淡水的湖泊、河流到咸水的大海和大洋。鱼类很容易从外表上区分开来，它们组成了脊椎动物中最大的类群，在总数为5万种的脊椎动物中，鱼类有22000余种。所有的鱼类都能很好地适应水中的生活。它们有两对鳍，分别位于身体的两侧；还有一个尾鳍，生长于尾部；根据种类的不同，在背上生有一个或两个背鳍，在臀上生有一个臀鳍。那么，比较有名的鱼类都有哪些呢？我这就带同学们来认识一下。

古老的软骨鱼

鲨鱼等由软骨而不是硬骨构成骨骼的鱼类，称为“软骨鱼”。软骨鱼大约有700种，几乎全是生活在海水之中的食肉动物。软骨鱼有流线型的身体和成对的鳍。它们的表皮上布满盾状的鳞片，质地相当粗糙。由于它们为流线型，所以游泳速度极快。软骨鱼类一般分为板鳃类和全头类。板鳃类具板状鳃，头部两侧具鳃裂，无鳃盖，包括已灭绝的裂口鲨目、侧棘鲨目和有现生代表的鲛目和鳐目。全头类鳃裂外被一膜质鳃盖住，海生，种类远少于板鳃类。下面，就带同学们了解一下比较有名的软骨鱼吧！

水中的吸血鬼——七鳃鳗

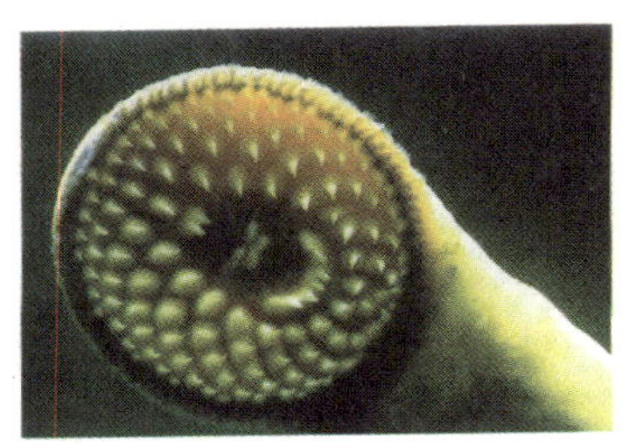

同学们，你知道最早的鱼类是什么样子的吗？最早的鱼是4亿年前出现在地球上的圆嘴无颌的鱼。这类鱼和现有的其他鱼类不同，它们还没有形成颌，所以称为“无颌类”。现存的无颌鱼类中，以七鳃鳗最为著名，而且它还是现存脊椎动物中最原始的物种。七鳃鳗还被称为“吸血鬼”，因为它专门吸附在大鱼身上，以吸食血液为生，它的嘴呈吸盘状，长有许多牙齿，可以吸食大鱼的血和肉。

声声慢

李清照

寻寻觅觅，冷冷清清，凄凄惨惨戚戚。乍暖还寒时候，最难将息。三杯两盏淡酒，怎敌他晚来风急？雁过也，正伤心，却是旧时相识。　满地黄花堆积，憔悴损，如今有谁堪摘？守着窗儿，独自怎生得黑？梧桐更兼细雨，到黄昏，点点滴滴。这次第，怎一个愁字了得！

以弱胜强的盲鳗

盲鳗也是生活在海里的一种无颌鱼。它的身体像蛇一样，口如吸盘，生着锐利的角质的牙齿。盲鳗凭借吸盘吸附在大鱼身上，然后寻找机会从鱼鳃钻入鱼腹，吸食它们的血肉及内脏，最后大鱼就会被吃成只剩下骨架和空的皮囊。盲鳗的眼睛由于寄生生活已退化藏于皮下，但它的嗅觉和口端4对触须的触觉非常灵敏，能迅速感知大鱼的到来。它一般不会攻击活的鱼类，而是以鱼类的尸体或被网捕到已衰弱的鱼类为食。常见的种类有大西洋盲鳗，分布于大西洋沿岸海中，我国产的蒲氏黏盲鳗，分布于东海、黄海等海域。

深海猎手——鮟鱇

深海鮟鱇在英文里被命名为“深海钓鱼者”，是生活在1000米深海底的一种非常有名的软骨鱼。这种深海鱼类看起来有些奇形怪状，虽然一般体长40～60厘米，但从它的大嘴看，似乎很容易就能吞一个篮球进去。鮟鱇的胸鳍长有肉柄，可以在海底爬行。它长长的特化脊骨，以及其尖端的一个发光器官，像钓鱼竿一样前后摆动，并且不断闪烁，一旦猎物被“诱饵”吸引得足够近，这位“钓鱼者”就用它强有力的大颌一口吞下。它的大嘴里长着长长的尖牙，就是因为这些牙齿，只要进了嘴的猎物就别想逃出。这种鱼没有肋骨，所以胃可以撑得很大，甚至吃下比自己大的鱼。

A：I have to go.
B：See you later.
A：我得走了。
B：待会儿见。

体形巨大的鲸鲨

鲸鲨俗名“豆腐鲨”“大憨鲨”，属于全球性洄游鱼种，为已知体形最大的海洋鱼类，通常体长在10米左右，最大个体体长达20米，体重10～15吨。鲸鲨的皮肤是灰褐或青褐色的，具有许多黄色斑点和垂直横纹。鲸鲨有一张巨大的嘴，嘴里的牙齿却非常细小，呈圆锥形。鲸鲨有两个背鳍，胸鳍宽大，尾鳍分叉。它们分布于热带和温带海区，生活

在暖温性大洋海区的中上层，性情温和，从不攻击人，以浮游生物、甲壳类、软体动物及小鱼为食。鲸鲨的游动速度缓慢，常漂浮在水面上晒太阳。

几年前，一群鲸鲨迁移到了菲律宾栋索尔镇附近的海域。从此，当地人怀着对这些温顺的庞然大物的喜爱之情，每年举行一系列鲸鲨庆祝活动。慕名前来的旅游者在这里参加生态游，享受与鲸鲨交流感情的乐趣。为了保护鲸鲨的生存条件，世界野生动物基金会给予了菲律宾栋索尔镇的鲸鲨节以有力的支持。栋索尔的人们希望，在世界野生动物基金会与他们的共同努力下，可爱的鲸鲨能够长久地在附近生活下去。

思维对对碰

题目：三个孩子吃三个饼要用 3 分钟，九十个孩子吃九十个饼要用多少时间？

答案：3 分钟。

凶残的大白鲨

大白鲨所享有的盛名和威名举世无双。虽然名字是叫大白鲨，但它们并不全都是白色的：其腹部是灰白色，背部则是暗灰色，这可以帮助它们有效地隐藏自己。作为大型的海洋食肉动物之一，大白鲨已成为世界上最易于辨认的鲨鱼。大白鲨是分布最为广泛的鲨鱼之一，它可以保持住高于环境温度的体温，而这让它在非常冷的海水里也可以适意地生存。

大白鲨具有极其灵敏的嗅觉和触觉，它可以嗅到 1 千米外被稀释成原来的 1/500 浓度的血液气味。大白鲨在水中游泳的速度非常快，相当于奥运百米冠军速度的 8 ~ 9 倍。

大白鲨那血盆大口中长着有倒钩的尖牙利齿，猎物被咬住就很难再挣脱。一旦大白鲨前面的任何一枚牙齿脱落，后面的备用牙就会移到前面补充进来。据估计，大白鲨一生之中将丢失并更换成千上万枚牙齿。不光牙齿，大白鲨的皮肤也是具有杀伤力的。“鲨鱼皮”并不是光滑的，虽然没有鱼鳞，但是长满了小小的倒刺，比砂纸还要粗糙，猎物哪怕只是被它撞了一下也会鲜血淋漓。

大白鲨会将一切它们感兴趣的东西吞下去：肉、骨头、木块，甚至钢笔、玻璃瓶什么的。它们的胃内有一层坚韧的壁，这样吞入的东西不会弄伤它们。当然，他们最喜欢的食物还是海豹、海狮等，偶尔也会吃吃海豚什么的。

肚皮笑笑破

这天，丫丫又和美美聚在一起讨论问题了。丫丫问美美：“美美，你说是早晨的太阳重还是傍晚的太阳重？”美美说：“不知道。你知道吗？”丫丫说：“知道。傍晚的太阳重！”美美问：“为什么？”丫丫说：“很明显啊，早晨的太阳能被海浪打上天空，一定非常轻；傍晚的太阳大山都托不住，肯定特别重了。”

凶猛的虎鲨

虎鲨是一类中小型鲨鱼，长可达 1.5 米，身体看起来很臃肿。早在古生代石炭纪，虎鲨就已经出现了，中生代最为繁盛，到了新生代才逐渐衰落。它们栖息在大海深处，是鲨鱼家族中一种凶猛残忍的食肉动物。

虎鲨相当凶残，六亲不认。据说一条雌虎鲨一次可以怀400～500个胎儿，当鱼卵孵化成仔鱼后，就开始互相残杀，一直拼杀到最后仅剩一条为止。饥饿的虎鲨胃口很大，只要发现移动的物体，它就会紧追不舍，伺机发动攻击。除了捕食贝类、甲壳类和鱼类之外，有时它连人们抛入大海的垃圾甚至船上的木板也能吞食，它那锋利的牙齿能咬断、磨碎十分坚硬的物体。

我来考考你

1. 你知道的软骨鱼都有哪些？
2. 最大的鲨鱼是（　　）。
   A. 鲸鲨　B. 虎鲨　C. 大白鲨

种类繁多的硬骨鱼

醉花阴
李清照

薄雾浓云愁永昼，瑞脑销金兽。
佳节又重阳，玉枕纱厨，半夜凉初透。
东篱把酒黄昏后，有暗香盈袖。
莫道不消魂，帘卷西风，人比黄花瘦。

硬骨鱼是鱼类中较高等的一类，体内骨骼全部由硬骨组成。世界上现有的硬骨鱼大约有22000种，从小的溪流到大的河流，从大陆深处的小小池塘到各类湖泊，从浅浅的海湾到浩瀚大洋中各种深度的水域，到处都有硬骨鱼类在漫游。无论是物种数量还是个体数量，硬骨鱼类都远远超过许多其他脊椎动物的总和。下面就让我们来了解一下都有哪些有名的硬骨鱼吧！

古老的巨骨舌鱼

巨骨舌鱼是一种古老的原始鱼类，也是世界上最大的淡水鱼，生活在世界上最原始的热带丛林水域中。它们常见于巴西、秘鲁的亚马孙河流域，以及委内瑞拉、哥伦比亚境内的亚马孙水系的支流中。这种庞然大物长着尖而长的头，头部骨骼由游离的板状骨组成，有一张大大的嘴，舌上有坚固发达的牙齿，有青色的金属般的背、古铜色的侧部和大块的鲜艳的红色鳞片。最大的个体体长可达 2 ~ 2.5 米，重可达 100 千克。

由于体形笨重，行动缓慢，巨骨舌鱼主要栖息在水流缓慢的河里。巨骨舌鱼常潜伏在水面障碍物下，伺机张开巨口吞食猎物，主要以鱼、虾、蛙类为食。它还有一个巨大的气囊，这种气囊由肺叶的组织构成，可以充当附加的呼吸器，使它能浮到水面吸氧。

ABC 洋话天天说

A：Hey！ What's up？
B：Nothing much！As usual.
A：嗨，近来怎么样？
B：没什么，一切如故。

肉质鲜美的鲑鱼

鲑鱼是所有三文鱼、鳟鱼和鲑鱼三大类的统称。科学家们通过对古化石的研究证明，鲑鱼在 1 亿多年前就已经生存在这个地球上了。主要有太平洋三文鱼、大西洋三文鱼、鳟鱼以及真正的鲑鱼等几类。

世界上真正的鲑鱼只有五种，其他所谓的鲑鱼实际上都是人们的习惯性叫法而已。这五种鲑鱼分别是：北极鲑，也叫“北极红点鲑鱼”；七彩鲑，也叫“美洲红点鲑鱼”；多丽鲑，也叫“花膏红点鲑鱼”；雷克鲑，也叫“湖鲑”“灰鳟鲑”；牛头鲑，也叫“红点鲑”。鲑鱼主要分布在北部海洋及流入北部海洋的河流中，成年鲑鱼体重可达 15 千克，全长近 1.2 米。鲑鱼喜爱在水中追逐猎物；还喜爱潜伏在水草中，等待鱼和其他动物靠近。鲑鱼通过产卵繁殖，在繁殖期开始之前，它们会洄游到淡水水域产卵。繁殖期结束后，它们会再次返回大海，只留下年幼的鲑鱼宝宝自己长大。

海中的隐士——海鳝

海鳝是海底的隐居者，样子像蛇，体色多变，有的呈黑绿色，身体上都有鲜明的花纹特征。“豹纹海鳝”“斑点海鳝”“网纹海鳝”“虎斑海鳝”等名称大多来源于它们体上的花纹。

海鳝的身体是筋肉质，没有鳞，用手摸它感觉像摸章鱼一样。海鳝有着宽大而尖锐的牙齿，多捕食无脊椎动物和小鱼。它们性情凶猛，但平时行动迟缓，若不是遇到刺激引起它生气愤怒的话，是不会袭击人的。

豹纹海鳝是海鳝里一种有名的属种。它们的体表有鲜明的豹纹，一般体长 1 ~ 1.5 米，是形状和行动最像蛇的海水鱼。分布在热带到亚热带的温暖海域，生活在岩石堆或珊瑚礁上。它们白天隐藏在岩隙间，从不轻易动弹，到了傍晚才出来活动筋骨，觅食虾、乌贼和章鱼等。

海中的“小飞机”——飞鱼

在我国的南海，有一种在海面上掠浪而过的“小飞机”。它们甚至飞上船来，落在甲板上，把人吓一跳。这可不是什么飞机，而是一种中小型的鱼类，人们把它们叫作“飞鱼”。飞鱼长相奇特，胸鳍特别发达，长长的胸鳍一直延伸到尾部，整个身体像织布的长梭。飞鱼凭借自己这流线型的优美体形，能够跃到水面上十几米，在空中停留 40 多秒，飞行的最远距离有 400 多米。

加勒比海东端的一个岛国巴巴多斯，也盛产飞鱼，并以飞鱼作为自己国家的象征，许多娱乐场所和旅游设施都是以“飞鱼”命名的。游客们在此不仅能观赏到飞鱼击浪的奇观，还可以获得一枚制作精致的飞鱼纪念章。巴巴多斯因而获得了“飞鱼岛国”的雅号。

其实，飞鱼并不轻易跃出水面，只有在遭到敌害攻击的时候才施展出这种本领来。可是，这一绝招并不绝对保险。它在空中飞翔时，往往被空中飞行的海鸟所捕获，或者落到海岛上，或者撞在礁石上丧生。有时也会跌落到航行中的轮船甲板上，成为人们餐桌上的佳肴。

海洋中的杀手——旗鱼

旗鱼是海洋中一种大型的凶猛食肉鱼类。它眼圆口大，吻部像一柄锋利的长剑，这是它强有力的攻击性武器。旗鱼的背鳍长得又长又高，它们竖展的时候，仿佛是船上扬起的一张风帆，又像是一面旗帜，人们因此叫它“旗鱼”。每当快速游动时，旗鱼就将旗状背鳍收拢叠藏在背部下陷的沟内，以减少前进的阻力。一旦要减慢游速时，它就竖起“大旗”，增加游水阻力。旗鱼喜欢游浮于水的表层，旗状背鳍和镰刀形的尾鳍露出水面，耀武扬威，巡游四方。它捕杀别的海洋鱼类时，时常凭着锋利的剑式长吻和游速快的特点，冲入鱼群，东捅西戳，不多时便将海面搅得鲜血翻滚、鱼尸漂浮，被人们称为“海洋中的无情凶手”。

旗鱼种类较多，主要有真旗鱼、目旗鱼、黑皮旗鱼、芭蕉旗鱼。旗鱼分布在大西洋、印度洋及太平洋，印度尼西亚、日本、美国和我国的东海南部和南海等水域也有它的踪迹。

最不像鱼的鱼——海马

海马的形状非常有趣，是最不像鱼的鱼类，集合了马、虾、象三种动物的特征于一身。它有马形的头，跟虾一样的身子，还有一个像象鼻一般的尾巴。它的嘴是尖尖的管形，

口不能张合，因此只能以吸食水中的小动物为生。它的一双眼睛也有特别之处，可以分别向上下左右或前后转动。有时候，一只眼向前看，另一只眼向后看，除了蜻蜓和变色龙之外，这是其他动物所不能做到的。

它的鳍用肉眼是不太容易看出来的。但用高速摄影，注意观察，可看到一根根活动的棘条。这些棘条能在一秒钟内来回活动 70 次，使海马能自由自在地做前后或上下的移动。

海马通常生活在热带沿海海藻丛生或岸礁多的海区。因为它们不善于游泳，所以喜欢生活在珊瑚礁的缓流中。

因为雄海马有育儿袋，而雌海马没有，因此，雄海马被赋予了照顾卵和仔鱼的任务。每当产卵季节，雌海马都会把卵产在雄海马的育儿袋里，雄海马的育儿袋每次可装 2000 只小海马。海马孕期从 10 ～ 25 天不等。每次生育，都会把可怜的雄海马累个半死。

奇怪的翻车鱼

翻车鱼是世界上体形最大、形状最奇特的鱼之一。翻车鱼的幼鱼仅有 0.25 厘米长，而长到成年时可达 3 米长，体重可达 2 吨半。它们的身体又圆又扁，像个大碟子。鱼背和鱼腹上各有一个长而尖的鳍，而尾鳍却几乎不存在，于是使它们看上去好像后面被削去了一块似的。它们经常侧着身体在水面上，边休息边晒太阳，以提高体温。

翻车鱼既笨拙又不善游泳，常常被海洋中其他鱼类、海兽吃掉。而它不至于灭绝的原因是其所具有的强大的生殖力，一条雌翻车鱼一次可产 3 亿个卵，在海洋中堪称最能生产的鱼类。翻车鱼的繁殖过程非常有趣。每当生殖季节来临时，雄鱼会在海底选择一块理想的场地，用胸鳍和尾巴挖开泥沙，筑成一个凹形的“产床”，引诱雌鱼进入“产床”产卵。雌鱼产下卵之后便扬长而去，此时雄鱼赶紧在卵上射精，从此就担负起护卵、育儿的职责，直到幼鱼长大。

肚皮笑笑破

婷婷和宝宝很喜欢看书。这天，他们又每人抱着一本大画册在大树底下看。看着看着，婷婷问宝宝：“听说，古时候没有电，没有收音机，也没有电视，那我们的祖先是怎么生活呢？”宝宝仰起头，十分惋惜地回答道：“所以，他们才都死了啊。”

我来考考你

1. 海中的“小飞机”指的是哪种鱼？
2. 养育小海马的是（　　）。
   A. 雄海马　B. 雌海马

绚丽多姿的观赏鱼

观赏鱼是指那些具有观赏价值的、有鲜艳色彩或奇特形状的鱼类。由于被人们所喜爱，所以被饲养在家中观赏。它们有的来自淡水中，有的来自海水中，有的来自温带地区，有的来自热带地区。它们有的以色彩绚丽而著称，有的以形状怪异而称奇，有的以稀少名贵而闻名。世界观赏鱼市场通常由三大品系组成，即温带淡水观赏鱼、热带淡水观赏鱼和热带海水观赏鱼。下面，就让我们来认识一下这些漂亮的小生灵吧！

如梦令
李清照

常记溪亭日暮，沉醉不知归路。兴尽晚回舟，误入藕花深处。　争渡，争渡，惊起一滩鸥鹭。

温带淡水观赏鱼

温带淡水观赏鱼主要有红鲫鱼、中国金鱼、日本锦鲤等，它们主要来自中国和日本。

红鲫鱼的体形酷似食用鲫鱼，依据体色不同分为红鲫鱼、红白花鲫鱼和五花鲫鱼等，它们主要被放养在旅游景点的湖中或喷水池中，如上海老城隍庙的“九曲桥”、杭州的“花港观鱼”等。日本锦鲤的原始品种为红色鲤鱼，早期也是由中国传入日本的，经过日本人民的精心饲养，逐渐成为今天驰名世界的观赏鱼之一。日本锦鲤的主要品种有昭和三色、大正三色、秋翠等。

漂亮的金鱼

金鱼身姿奇异，色彩绚丽，为人们所喜爱。金鱼起源于我国普通食用的野生鲫鱼，经过不同时期的家养，由红黄色金鲫鱼逐渐变成为各个不同品种的金鱼。

金鱼的故乡在浙江的嘉兴和杭州两地，世界各国的金鱼都是由我国传出去的。金鱼按头形分为平头型、鹅头型、狮头型。头部皮肤薄而平滑的，称为“平头型”；头顶上的肉瘤厚厚凸起，而两侧鳃盖上则是薄而平滑的，称为“鹅头型”；“狮头型”金鱼头顶和两侧鳃盖上的肉瘤都是厚厚凸起，发达时甚至能把眼睛遮住。狮头型还可分为正常眼、龙眼、朝天眼和水泡眼四类。与野生鲫鱼的眼睛一样大小者称为“正常眼”；眼球过分膨大，并部分地突出于眼眶之外，这种眼称为“龙眼”；朝天眼与龙眼相似，都比正常眼大，眼球也部分地突出于眼眶之外，所不同的是朝天眼的瞳孔向上转了 90° 而朝向天；水泡眼的眼眶与龙眼一样大，但眼球却同正常眼的一样小，眼睛的外侧有一半透明的大小泡。

A：The bread is on me.
B：Thank you.
A：面包的钱我来付。
B：谢谢！

色彩鲜艳的日本锦鲤

日本锦鲤是一种彩色鲤鱼，因为它身体表面色彩鲜艳、花色似锦，故得其名。锦鲤是红色鲤鱼的变种。我国饲养红鲤作为观赏鱼在明代已非常普及。红鲤传入日本后，日本人在饲养过程中发现这种鲤鱼会发生色变，根据红鲤容易变异的特点，经过选种，人工改良为绯鲤，培育出许多新品种，初称“色鲤”“花鲤”，后改称“锦鲤”。1804 ～ 1829 年间，日本贵族将这种鲤鱼移入庭院饲养，成为皇宫贵族的观赏品，因此锦鲤又称“贵族鱼”。到日本明治年间，又培育出黄斑锦鲤，大正年间培育出大正三色，昭和年间培育出昭和三色等名贵品种。1906 年，日本又引进德国的无鳞革鲤和镜鲤，与锦鲤杂交，培育出德国黄金、德国红白、秋翠等革鲤品系的锦鲤。日本饲养锦鲤有 200 多年的历史，至今已培养出 100 多个品种的各色锦鲤。

热带淡水观赏鱼

热带淡水观赏鱼主要来自于热带和亚热带地区的河流、湖泊中，它们分布地域极广，品种繁多，大小不等，体形各异，五彩斑斓，非常美丽。依据原始栖息地的不同，它们主要来自于三个地区：一是南美洲的亚马孙河流域的许多国家和地区，如哥伦比亚、巴拉圭、圭那亚、巴西等地；二是东南亚和南亚的许多国家和地区，如泰国、马来西亚、印度、斯里兰卡等地；三是非洲的三大湖区，即马拉维湖、维多利亚湖和坦干伊克湖。

热带淡水观赏鱼较著名的品种有三大系列：一是灯类品种，如红绿灯、头尾灯、蓝三角、红莲灯、黑莲灯等，它们小巧玲珑、美妙俏丽、若隐若现，非常受欢迎；二是神仙鱼系列，如红七彩、蓝七彩、条纹蓝绿七彩、黑神仙、芝麻神仙、鸳鸯神仙、红眼钻石神仙等，它们潇洒飘逸、温文尔雅，大有陆上神仙的风范，非常美丽；三是龙鱼系列，如银龙、红龙、金龙、黑龙鱼等，它们素有“活化石”的美称，名贵美丽，广受欢迎。

题目：平平把刚买回来的金鱼放在鱼缸里，不到十分钟鱼都死了，这是什么原因?
答案：因为鱼缸内没有水。

热带海水观赏鱼

热带海水观赏鱼主要来自于印度洋、太平洋中的珊瑚礁水域，品种很多，体形怪异，体表色彩丰富，极富变化，具有一种原始古朴的自然美。热带海水观赏鱼分布极广，它们生活在广阔无垠的海洋中，许多海域人迹罕至，还有许多未被人类发现的品种。

小军和小乐都说自己游泳的速度快，大家建议他们比一比。比完后，老师问小军比赛结果如何。小军回答道:“我得了第二名。”老师又问:“那么，小乐是第一名喽?”小军说:“不对!他是倒数第二名。”

热带海水观赏鱼由30多科组成，较常见的品种有雀鲷科、蝶鱼科、棘蝶鱼科、粗皮鲷科等，其著名品种有女王神仙、皇后神仙、皇帝神仙、月光蝶、月眉蝶、人字蝶、海马、红小丑、蓝魔鬼等。热带海水观赏鱼颜色特别鲜艳，体表花纹丰富。许多品种都有自我保护的本性，有些体表生有假眼，有的尾柄生有利刃，有的棘条坚硬有毒，有的体内可分泌毒汁，有的体色可任意变化，有的体形善于模仿，林林总总，千奇百怪，充分展现了大自然的神奇魅力。

勇敢的小丑鱼

小丑鱼属于雀鲷科，长得很美丽，野生的小丑鱼生活在印度洋与太平洋的热带珊瑚礁中，有十几种。它们因为与腔肠动物里的海葵一起，因此，又被称为“海葵鱼”。海葵有毒，通常鱼类都不敢接近，但是大部分的小丑鱼却毫不在乎，反而把海葵当作具有防御功能的居住地，在海葵的触手中自如穿梭。它们的身体表面有一种特殊的体表黏液，可以保护它们不受海葵的影响。小丑鱼不仅依附海葵而生，连卵也产在海葵所栖息的岩壁上。它们通常在海葵触手中产卵，孵化幼鱼。

因为海葵的保护，使小丑鱼免受其他大鱼的攻击，同时海葵吃剩的食物也可供给小丑鱼。对海葵而言，可借着小丑鱼的自由进出，吸引其他鱼类靠近，增加捕食的机会。

近年来，小丑鱼开始被人们饲养在鱼缸里，深受人们的喜爱。

聪明的蝴蝶鱼

同学们，蝴蝶是不是很漂亮？在海里有一种鱼，长得犹如美丽的蝴蝶，这就是蝴蝶鱼。人们若要在珊瑚礁鱼类中选美的话，那么就数蝴蝶鱼最漂亮了。

蝴蝶鱼是近海暖水性小型珊瑚礁鱼类，它们身体侧扁，适宜在珊瑚丛中来回穿梭，能迅速而敏捷地消失在珊瑚枝或岩石缝隙里。

蝴蝶鱼除了美丽的外表，还有一手逃命的绝活呢！蝴蝶鱼的体表有大量色素细胞，在神经系统的控制下，可以展开或收缩，从而使体表呈现不同的色彩。通常一尾蝴蝶鱼改变一次体色要几分钟，而有的仅需几秒钟。许多蝴蝶鱼有极巧妙的伪装，它们常把自己真正的眼睛藏在穿过头部的黑色条纹之中，而在尾柄处或背鳍后留有一个非常醒目的“伪眼”，常使捕食者误认为是其头部而受到迷惑。当敌害向其“伪眼”袭击时，蝴蝶鱼剑鳍疾摆，便逃之夭夭。

蝴蝶鱼真是又美丽又聪明呀！现在，很多人已经把蝴蝶鱼请回家了，你是不是也想让蝴蝶鱼做你的朋友呢？

我来考考你

1. 你最喜欢哪种观赏鱼？为什么？
2. 生活在热带淡水里的是（　　）。
   A. 小丑鱼　B. 金鱼　C. 黑龙鱼
3. 金鱼的故乡是（　　）。
   A. 中国　B. 日本　C. 美国

第五章 主宰世界的哺乳动物

哺乳动物是现今动物界中分布最广泛、功能最完善的动物，全世界有哺乳动物3500多种。它们全身被毛，运动快速，各系统功能完善，体温恒定，因此，从两极到赤道，森林到草原，海洋到沙漠，无论在地上、地下，还是在水里、空中，到处都有哺乳动物分布。它们用肺呼吸，大脑发达，母兽都有乳腺，能分泌乳汁哺育仔兽。同学们，你知道吗？人类也是哺乳动物呢！

海里的哺乳动物——海兽类

海洋边缘水域生活着各种海洋哺乳动物，这些哺乳动物基本上适应了海洋生活，但它们必须定期浮到水面呼吸。它们身体上的足变成了像鱼一样的蹼或鳍，然而它们还保留着哺乳动物的基本特点，有毛和乳腺，并有恒定的体温。那么，海里的哺乳动物都有哪些呢？现在就让我们来看一看吧！

》海中的巨无霸——蓝鲸

同学们请看右图，这就是蓝鲸。蓝鲸是海中的巨无霸，它们一般体长30米，平均体重150吨，最大的能达到190吨，是地球上最大的动物。它的一条舌头就有3～4吨，足以装满一辆大卡车。它的躯体呈蓝灰色或黄褐色，这是由于它的皮肤上覆盖着一层黄褐色硅藻膜的缘故，其实，它的真正颜色是黑色的。在所有的生物中，蓝鲸发出的声音最大，蓝鲸在与伙伴们进行联络的时候会使用一种低频率、震耳欲聋的声音，灵敏的仪器在80千米以外就能探测到蓝鲸的声音。蓝鲸特别偏食，几乎完全是以磷虾为食。特别是生活在南极海域的蓝鲸，别看它是海洋里的庞然大物，喉咙却非常狭窄，只能吞下比手指头还小的鱼类。

带香囊的鲸——抹香鲸

抹香鲸的体形非常奇特，头部特别大，嘴巴却很小。它们视觉很不发达，只能用口哨声和“咔嗒”声来和同伴交流。抹香鲸体内的龙涎香是一种非常名贵的香料，在燃烧时，会散发出一种类似麝香的香味，抹香鲸的名字也是因此而得来的。

抹香鲸一生下来就有牙齿，它的牙齿长约25厘米，而且有一部分露在牙龈的外面，它们的下颌上面长满了尖利的牙齿，而上颌却没有一颗牙齿，全是与下牙相对应的小洞洞。抹香鲸的性情十分凶猛，最爱吃大乌贼，他们经常为了获得美食而潜入深水奋力追捕大乌贼。

海中的王者——虎鲸

虎鲸又叫“逆戟鲸”，它的体形极为粗壮，呈优美的流线型，大而高耸的背鳍位于背部中央。它行动敏捷，游泳本领高强，而且花样繁多，一会儿仰游，一会儿翻滚，一会儿又将身体直立于水面，游起来随心所欲，常将其背鳍突出水面，犹如古代武器的戟倒竖于海上。虎鲸的体色主要由黑与白这两种对比分明的色彩组成。背部与体侧皆为黑色，侧腹处有白色斑块，眼睛斜后方亦有明显的椭圆形白斑，在背鳍后方有呈灰至白色的马鞍状斑纹。

如梦令
李清照

昨夜雨疏风骤。浓睡不消残酒。试问卷帘人，却道海棠依旧。知否，知否。应是绿肥红瘦。

虎鲸的食物多样，从小型结群鱼类、鱿鱼，一直到大型须鲸与抹香鲸，都有可能成为它们的猎物。虎鲸喜欢群居的生活，有2～3只的小群，也有40～50只的大群。它们最常用的捕食方式是群起而攻之。捕鱼时，它们便由若干鲸群组成一个包围圈，将鱼团团围住，然后轮番冲入鱼群，美美地饱餐一顿后，便扬长而去。它们每天总有2～3个小时静静地呆在水的表层换气。群体成员间的胸鳍经常保持接触，显得亲热和团结。如果群体中有成员受伤，或者发生意外失去了知觉，其他成员就会前来帮助，用身体或头部连顶带托，使其能够继续漂浮在海面上。虎鲸就是在睡觉时也扎成一堆，这是为了互相照应，并保持一定程度的清醒。

体形娇小的鲸——海豚

海豚是大海中智力最发达的哺乳动物。它是鲸类家族中最小的一种，海豚最大的才

4 米多长，体重只有 100 多千克。海豚的身体呈流线型，除了胸鳍之外，它还长有一片背鳍，尾巴扁平而且非常有力。海豚的性情特别活泼，喜欢玩耍。它的脑子与躯体的比例，仅次于人的脑子与人体的比例，而且记忆力极好，海豚的学习和模仿能力超过猿猴。因此，比起别的海洋动物来，海豚就显得格外聪明，也很容易被人驯服。它可以很快学会人教给它的许多动作，比如顶球、跳圈、跳高，还可以做许多精彩的表演。

ABC 洋话天天说

A：Waiter，can you come here for a moment?

B：Yes，is there something wrong？

A：服务员，能过来一下吗？

B：好的，有什么问题？

游泳能手——斑海豹

如果同学们去水族馆玩，一定可以看到可爱的海豹表演。它们笨拙的样子真是可爱极了！斑海豹体粗圆，呈纺锤形，体重 20 ～ 30 千克。全身披着短毛，背部是蓝灰色，腹部是乳黄色，带有蓝黑色斑点。头接近圆形，眼睛大而且圆。上唇触须很长而且粗硬，就像念珠一样。毛色随年龄和季节发生变化，小的时候色深，长大后色逐渐变浅。斑海豹生活在寒温带海洋中，除产崽、休息和换毛季节需到冰上、沙滩或岩礁上之外，其余时间都在海中游泳、取食或嬉戏。

妈妈给菲菲新买了一个气球，正好隔壁的毛毛也有个气球。两个小孩就一起拿着气球玩。下午时，妈妈发现菲菲的气球不见了，就问她：“我给你新买的气球呢？”菲菲十分得意地回答道：“在这儿，妈妈。”妈妈一看，又问道：“怎么破了？”菲菲说：“我和毛毛比赛，看谁的气球吹得大，结果我赢了。”

爱睡懒觉的海象

海象身体庞大，体长3～4米，长着两颗长长的牙，像象牙一样，所以人们叫它“海象”。海象皮厚而多皱，有稀疏、坚硬的体毛，眼睛小小的，视力不是很好。与陆地上的大象不同的是，它们不能像大象那样步行于陆上，仅能靠后鳍脚朝前弯曲以及把獠牙刺入冰中，才能在冰上匍匐前进，看起来笨笨的。海象主要生活于北极海域，喜欢群居，性情懒惰，它们的生命中大部分都在睡懒觉。但当它潜入海底觅食时，却显得灵巧了不少。巨大的牙不断地翻掘泥沙，同时，敏感的嘴唇和触须也随之探测、辨别，碰到其喜食的乌蛤、油螺等食物，便用齿将壳咬破，然后将它们的肉吃掉。

食草的海兽——儒艮

同学们一定听过“美人鱼”的传说吧？神话传说中“美人鱼”的原型就是性情温和、胖乎乎的儒艮。在东方和西方的许多书中，都曾经有过把儒艮当作“美人鱼”的记载。那为什么人们会将笨拙粗陋的儒艮当作“美人鱼”呢？原来在儒艮妈妈给幼崽喂奶时，常常用前鳍把小儒艮抱在胸前，肥大的乳房露出水面，这就是航海水手误认它为“美人鱼”而流传至今的原因。至于“美人鱼”常被描绘成头披长发的美女，这与儒艮生活在海藻丛中，出水时头上披有水草有关。

题目：两头尖尖身体弯，肚皮凸出似半圆，一入大海就行走，天南地北游个遍。（打一交通工具）

答案：船。

我来考考你

1. 世界上最大的动物是（　　）。
   A. 大象　B. 蓝鲸　C. 虎鲸
2. 被称为“美人鱼”的是（　　）。
   A. 海象　B. 海豹　C. 儒艮

头脑发达的动物——灵长类

灵长类动物是具有灵性的最高等哺乳动物，是所有动物中最进步的一类，我们人类也是灵长类的一员。狐猴、狝猴、狒狒、猩猩和长臂猿都是此类动物。在这类动物中，有的外观和人类相似，有的完全不像，智慧的差距也很大。下面，就让我们来看看它们都有什么有趣的地方吧！

面恶心善的大猩猩

大猩猩又叫“大猿”，雄性身高可达 2 米，身体异常壮大魁梧，体重超过 290 千克，是灵长类中最大的动物，力大无比，据说连大象见了它们也会后退，因而被称为森林中的“金刚”。

大猩猩主要生活在非洲的森林里。大猩猩粗鲁的面孔和巨大的身材看起来十分吓人，其实别看它们长得这么凶恶，却一点也不凶猛。它们性情温和，只吃各种植物嫩芽、野果。大猩猩大部分时间都在家园里闲逛、嚼枝叶或睡觉。它们是非常平和的素食者。

爱玩游戏的黑猩猩

黑猩猩分布在非洲中部及西部，体重约 70 千克，毛色乌黑，耳大，突向头侧，眉骨高，两目深陷。它们栖息于高大茂密的落叶林中，是猩猩中比较聪明的一个种类。黑猩猩能在地上直立行走，晚间在树上筑巢过夜，杂食。黑猩猩的脸部表情、玩游戏的方式、制造工具以及解决难题的方法，会让人们联想到自己。黑猩猩过的是群居生活，有时候也和邻近的黑猩猩群打架。它们的主要食物是植物的果实、叶、种子和花以及昆虫，有时也吃比较大的动物，如猴子和鹿。

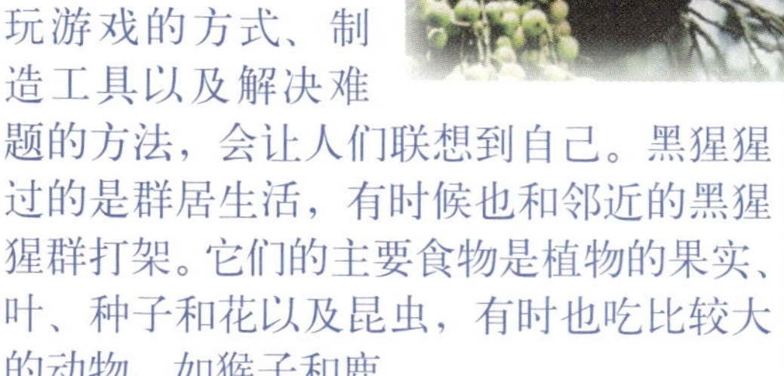

一剪梅

李清照

红藕香残玉簟秋。轻解罗裳，独上兰舟。云中谁寄锦书来？雁字回时，月满西楼。　　花自飘零水自流。一种相思，两处闲愁。此情无计可消除，才下眉头，却上心头。

只吃素的红毛猩猩

A：Shall I tell him tonight or tomorrow？
B：Whatever！
A：我今天晚上还是明天告诉他？
B：随你的便。

红毛猩猩主要栖息于变化较少的热带雨林。红毛猩猩身高 115 ~ 137 厘米，体重 40 ~ 100 千克。它的腿部明显比手臂长，双臂展幅为 2.25 米。红毛猩猩的眼睛很小并且中间距离不大，这使它们的脸庞和眼神很像人类。它们的手和脚非常相似，所以可以说它有四只手，手掌非常发达，是钩子的形状。红毛猩猩是素食主义者，食物主要是水果，有时也会吞食一些富含矿物盐的泥土。可以说，它们是全球最大的热带水果消耗者。最有趣的是，它们还吃树皮，这在其他猴类中非常少见。

用“手”走路的长臂猿

长臂猿是所有灵长类动物中最灵活的。它前臂特别长，身长还不到 1 米，而双臂展开却有 1.5 米长，站起身来“手”可以碰到地上。长臂猿生活在高大的树林里，像荡秋千一样从一棵树蹦到另一棵树上，一次可跨越 3 米。当长臂猿到地面上时，走起路来却摇摇晃晃，非常笨拙，两条长臂简直没有地方放，只好向上举起，一副“投降”的怪模样，好笑极了。

等级森严的猕猴

生活在亚洲的猕猴，皮毛呈褐色或者微黑，前臂和腿一样长，尾巴随种而不同，有的较长，有的中等，有的较短，有的则没有。它们比狒狒更适合树栖，但也在地上安家，生活区域包括森林、平原、山区和峭壁。它们也会游泳，而且什么都吃，口中腮帮子附近还有两个像内衣口袋似的颊囊。它们吃东西的时候，总是不管能不能嚼烂，先塞进“口袋”再说，所以，我们看猴子吃东西，腮帮子总是鼓鼓的。猕猴过群居生活，常十余只甚至数百只一群。在这样的团体中，雄猕猴是首领，负责维持秩序，地位至高无上，等级森严。猕猴还进行各种各样的“社交活动”。它们发出各种声

音进行相互之间的联系，还会做手势或摆出不同的架势来表达自己的意思，互相之间梳毛也是它们的一项重要社交活动。

漂亮精神的金丝猴

金丝猴是国家一级保护动物。金丝猴又名“仰鼻猴”，脸部灰白带浅蓝。头顶前部毛是金黄色的，后部逐渐变为灰白，毛尖黑色。耳边白色，背部灰褐色。两肩之间有一白色块斑，毛最长的为 16 厘米。金丝猴生活在海拔 1500 ~ 3300 米的阔叶林带，主要在树上活动，结群生活，有季节性分群与合群现象。它们性情机警、善于攀爬、行动迅捷，喜欢在清晨吼叫。金丝猴以各种树叶、嫩枝、果实、苔藓等为食，也吃昆虫、鸟卵和雏鸟。

题目：饲养员将一串香蕉挂在竹竿上，要求大猩猩不搭凳子、不砍断竹竿拿下它。聪明的大猩猩很快取到了香蕉，它是怎样拿到的？

答案：把竹竿放倒。

讲“规矩”的狒狒

狒狒是非洲热带草原最著名的猿猴类动物。它们有巨大的头，像狗嘴一样长长的嘴，细而弯曲的尾巴和粗壮的四肢。狒狒主要生活在地面上，靠四肢行走。狒狒喜欢群体生活，一群往往有几十只到上百只，其中包含若干个“家庭”。每群都由一只身体最强壮、个头最高大、毛色最漂亮的雄狒狒担任首领。这是一个等级分明的群体，“规矩”很多，首领地位至高无上，不过这个首领也肩负着保护整个群体安全的重任，每次出行，首领都要在队前领路。

肚皮笑笑破

周末，妈妈带泽泽出去逛街。由于人多，走到一家商店门口时，泽泽发现妈妈不见了，他就站在那里等妈妈过来找他。路人看见了，就问左顾右盼的泽泽：“你忘记回家的路了吗？”“不是的，我把妈妈丢了！”泽泽回答道。

我来考考你

1. 猩猩都有哪些种类？
2. 被称为“金刚”的猩猩是（　　）。
   A. 红毛猩猩　B. 黑猩猩　C. 大猩猩

以肉为食的动物——猛兽类

哺乳动物中也有肉食性的猛兽。它们大都具有捕获猎物的特殊行动器官，敏捷运动所必需的肌肉和骨骼，大的嘴，锐利的牙齿和爪，敏锐的感觉和很强的瞬间爆发力。那么，肉食性哺乳动物都有哪些呢？就让我们来看一看！

山中之王——东北虎

东北虎又称“乌苏里虎”“满洲虎”“西伯利亚虎”。在虎的诸多种类中，东北虎的个头最大，皮毛最为珍贵，当之无愧地被称为“虎中之王”。东北虎身上条纹常为赤褐色，较窄且稀疏，被毛丰满，长而柔软，毛色较浅。相对于其他亚种而言，由于它们的生存环境较好，所以性情最为温顺，胆量最小，动作的敏捷度和灵活性也最差，所以适应能力与生存能力很弱。目前已被国际列为濒危动物，在我国也属于一级保护动物。

疑似灭绝的华南虎

华南虎主要生活在我国南方的森林、丛林和野草丛生的地方，没有固定的巢穴，活动区域特别大，一昼夜可行走 50 多千米；属夜行性动物，白天休息，早晨和黄昏活动最频繁；善于游泳，不会攀爬，捕食勇猛，喜单独行动；视觉、听觉极为发达，脊柱关节灵活，行走时爪子能自由收缩，没有响声，十分轻巧迅速；主要捕食大型食草类动物，饱餐后可维持数日，平均寿命 20 余年。

现在，野生的华南虎已经基本绝迹，人们很长时间都没看到过它们的身影了。

“虎口众多”的孟加拉虎

孟加拉虎又叫“印度虎”，是目前世界上数量最多的一种虎，野生的有3000多只。孟加拉虎的样子与其他虎基本相同，身上有黄黑相间的条纹。雌雄看起来没什么分别，只是大小略有差异。它们有敏锐的视觉、灵敏的听觉和嗅觉，耳朵相当大，能听到森林中物体移动的声音。孟加拉虎有高度的社群耐受力，最基本的社会单位是母亲和子女，其他都是独栖。它们相互间并不是不友好。如两只虎在夜晚巡游时相遇，会相互摩擦头部致意，然后继续前进。它们用尿等分泌物来标记领域，并定期探查该领域和临近领域的同类，使它们相互知道自己的领地。

体格健壮的非洲狮

非洲狮被人们誉为“草原之王”，这不是因为它的凶猛和巨大，而是因为它那洪亮的吼声和威武的雄姿。它们黄褐色的皮毛同天然背景一致，所以，在白天如果不仔细辨认会很难发现它们。狮子上下颌各有一对裂齿，咬起食物来就像剪刀的两片利刃。狮子白天休息，凌晨、黄昏或晚上捕猎。由于狮子没有长途追击的耐力，所以一般采取伏击的方式捕获猎物。它们主要的食物有羚羊和斑马，有时也袭击野猪，偶尔还会吃河马、鸵鸟等。

梅花

王安石

墙角数枝梅，凌寒独自开。
遥知不是雪，为有暗香来。

身手敏捷的美洲狮

美洲狮又叫“美洲金猫”“山狮”“墨西哥狮”等。美洲狮是猫科动物，体形魁梧，但在跳跃方面有着惊人的“天赋”，它轻轻一跳，便能跳到6～7米以外，更厉害的一跃可达十几米远。美洲狮是一种凶猛的食肉猛兽，也是嗜杀成性的“杂食家”，主要以野生动物如兔、羊、鹿为食，在饥饿时也会盗食家畜家禽，甚至连最难对付的犰狳、豪猪和臭鼬，美洲狮也能使它们就范。如果美洲狮捕捉的猎物比较多，它们就会把吃剩下的食物藏在树上，等以后再吃。

动物中的短跑冠军——猎豹

猎豹是非洲草原上最迅捷的杀手。猎豹身材修长，背骨柔软，身段苗条而毫无赘肉，这使它成为陆地上奔跑速度最快的动物，高达110千米的时速至今仍是陆地动物界中无法突破的纪录。它全身覆盖着金黄色的皮毛，上面布满黑色斑点，眼睛至嘴巴处还有一条显眼的黑线。猎豹凭借速度捕猎，但它的耐性不佳，所以它一般只追逐50米，如果还没有捉到猎物，它便放弃了。猎豹通常独自捕食鹿、羚羊等中小型食草动物，但有时遇上比自身大得多的猎物（如大羚羊、角马、斑马），几只猎豹也会一起协同作战，把对方杀死。

题目：不是狐狸不是狗，前面架铡刀，后面拖扫帚。（打一动物）

答案：狼

漂亮的金钱豹

金钱豹的体形与虎相似，但较小，为中型食肉兽类。体重50千克左右，体长在1米以上，尾长超过体长一半。头圆、耳短、四肢强健有力，爪子锐利，能自由伸缩。它全身颜色鲜亮，毛色棕黄，遍布黑色斑点和环纹，形成古钱状斑纹，所以称为“金钱豹”。它的背部颜色较深，腹部为乳白色。

金钱豹栖息的环境多种多样，从低山、丘陵至高山森林、灌丛均有分布，具有隐蔽性强的固定巢穴。它们善于跳跃和攀爬，常在林中往返游荡，捕食猿猴、野兔、野鹿和鸟类等，有时还猎食家畜。金钱豹生性非常凶猛，甚至可与虎交锋，但一般情况下不伤人。金钱豹的体能极强，视觉和嗅觉灵敏异常，性情机警，是食性广泛、胆大凶猛的食肉类动物。

爱吃蜂蜜的棕熊

棕熊的模样很独特，有宽而圆的大脑袋和向前突出的鼻子。棕熊能经常像人一样地直立，它们的体长一般为150～200厘米，尾长13～16厘米，体重150～250千克，较大的能达到400～600千克，是兽类中的大个儿。它们的四肢粗壮，肩部隆起，完全是一副大力士的模样，前足爪长而有力，据说一只成年的棕熊一掌能把野牛打死。

它们有一个特别不好的习性，就是爱偷蜂蜜吃，有时为了吃到蜂蜜，宁可被山蜂们蜇得满头包也不放弃，直到吃到蜂蜜为止。

憨态可掬的亚洲黑熊

亚洲黑熊又叫“狗熊”，由于它们的胸部有一块新月形状的白斑，所以也被人们叫作“月熊”。亚洲黑熊体形较小，体长 1.6 米左右，体重一般不超过 200 千克，寿命约 30 年。主要分布于亚洲的印度、尼泊尔、日本、朝鲜半岛、中南半岛、阿富汗和中国。亚洲黑熊喜欢潮湿的丛林地区，尤其是山地森林。它们一般在夜晚活动，白天在树洞或岩洞中睡觉。亚洲黑熊的嗅觉和听觉很灵敏，顺风可以闻到 500 米以外的气味，能听到 300 步以外的脚步声。但视力不太好，所以被人们叫作“黑瞎子”。亚洲黑熊可以像人类一样直立行走，也能像人一样坐着，但行动小心又缓慢，很少攻击人类。

极地的霸主——北极熊

北极熊又叫“白熊”“水熊”“海熊”“冰熊”，分布在整个北极地区。如同企鹅是南极的象征一样，北极熊是北极的代表。它是北极地区最大的食肉动物，是这个白色王国的统治者。巨大的北极熊身长可达 3 米，体重可达 800 千克，一次就要吃 40 千克的东西，也就是说，一头驯鹿还填不饱它们的肚子，那么它们吃什么呢？海豹肥胖的躯体成了北极熊最好的食物。最有趣的是，当北极熊发现冰下有食物时，会站起身子再猛然落下，用前掌击破冰面抓住猎物。北极熊还具有非常灵敏的嗅觉，能在几千米以外凭嗅觉准确判断猎物的位置。

洋话天天说

A：Please come in.
B：After you.
A：请进。
B：你先请。

团体作战的狼

狼的样子和狗非常相近，但比狗稍大，脸长，鼻子也比狗的长一些，嘴巴比较大，眼睛有些斜，耳朵直立，皮毛一般为灰黄色。当然，因为产地不同，狼毛的颜色也存在差别。狼的尾巴向下垂，夹在两条后腿当中，很少摇动，于是有人取笑它是“木头尾巴”。狼白天休息，晚上成群结队地出来猎食，其中领头的叫作“头狼”。

它们一旦发现猎物，就会分散包围，一旦时机成熟，就会一拥而上，非常凶猛。

狼生性残忍、贪婪，吃兔、鹿等，只要有机会，也会偷吃牲畜甚至人类。

有心计的赤狐

赤狐又叫“红狐”“狐”“草狐”。一般所说的“狐狸”，指的就是赤狐。其实狐和狸是两种不同的动物，其中狸又被称作“貉”，不过习惯成自然，“狐狸”就成了赤狐的代名词。赤狐虽然是一种人们熟知的动物，但由于它智力发达、行动敏捷、生性多疑、听觉和嗅觉特别好，行动时大多先对周围环境进行仔细的观察，加上民间流传的一些迷信说法，所以给这种食肉兽蒙上了一层神秘色彩，流传出许多关于狐的神话。

肚皮笑笑破

上学路上，玲玲遇见了开车的叔叔，于是对叔叔说：“叔叔，您的汽车能顺便把我的书包带到学校门口吗？”叔叔说：“当然可以喽！不过，到那里我把书包交给谁呢？”玲玲又说：“噢，直接交给我。我也坐您的车一起去。”

聪明的海獭

生活在海里的海獭（tǎ），爱吃贝类和螃蟹，但是它大而圆的牙齿并不是特别坚硬，咬不碎这些食物。于是，它从海底取一块大而平的石头，放进腋下的一个皮囊里。然后，它会肚皮朝天地浮在水面上，把石头放到胸前，抓住猎物使劲往石头上撞击，直到猎物的壳裂开为止。然后，它再把自己的胸作餐桌，美美地饱餐一顿。

草原清道夫——鬣狗

鬣（liè）狗的外形和狗相似，捕捉的对象多为虚弱或者有病的动物。当鬣狗集体捕获猎物时，它们就会一拥而上，同时撕咬猎物的腹部、颈部、四肢等全身各处。为了防备狮子前来掠夺它们的食物，整个族群的鬣狗会一起狼吞虎咽地分享这份大餐。数十分钟内，猎物便被它们分食得干干净净。鬣狗因此被称为“草原杀手”或“草原清道夫”。

我来考考你

1. 动物中的短跑冠军是（　　）。
   A. 狮子　B. 金钱豹　C. 猎豹
2. 体形最大的熊是（　　）。
   A. 棕熊　B. 黑熊　C. 北极熊

哺乳动物中的食素者——食草类

大多数食草类动物的腿比较长，适合在广阔的大地上奔跑。它们往往成群结队地生活，以吃植物为生。食草类动物都有蹄，不过有的是偶蹄动物，每只脚上有两个或四个蹄趾；而另外的则是奇蹄动物，每只脚上只有一个或三个蹄趾。现在就让我们来了解下它们吧。

水调歌头

苏轼

明月几时有？把酒问青天。不知天上宫阙，今夕是何年。我欲乘风归去，又恐琼楼玉宇，高处不胜寒。起舞弄清影，何似在人间。　转朱阁，低绮户，照无眠。不应有恨，何事长向别时圆？人有悲欢离合，月有阴晴圆缺，此事古难全。但愿人长久，千里共婵娟。

性情温顺的大象

亚洲象是亚洲大陆现存最大的动物，一般身高约3.2米，体重可超过5吨。亚洲象的身躯高大威武，性情却温顺善良，是力量、威严和吃苦耐劳、任劳任怨的象征。为了生存，象群每天要奔走18～20小时，只睡2～4小时。亚洲象喜欢人烟稀少、温暖湿润的森林、沼泽地区，不适应生态环境的剧烈变化。

非洲象产于非洲，是陆地上重量最大的哺乳动物。耳朵和牙都长得较大。非洲象的四条腿看上去像柱子，耳朵披在头颈的两侧。皮厚多褶皱，全身的毛很少。它们的长鼻子能够垂到地面，功能很多，除了嗅觉以外，象鼻可以说是象四肢之外的第五肢。非洲象还有一对威武的象牙，平均长度为2～3米，重量为25～40千克，而且十分坚硬，是最好的防御和攻击武器。非洲象喜欢在热带稀树的草原上生活，喜欢群居，每个象群都由一只老雌象带领。

沙漠之舟——骆驼

双峰驼又叫“野骆驼”“野驼”。野双峰驼的身躯高大，和家养双峰驼十分相似。它们的脑袋小，耳朵短，上唇中央有裂缝，鼻孔内有瓣膜可以防御风沙；背部有马鞍一样的两个驼峰，尾巴比较短，四肢细长，脚掌下有宽厚的肉垫。全身长着细密而柔软的淡棕黄色绒毛。双峰驼生活在戈壁荒漠地带，它们性情温顺，机警顽强，反应灵敏，奔跑速度较快并且持久，能耐饥渴，适应冷热变化，所以有“沙漠之舟”的称号。

单峰驼原产在北非和亚洲西部及南部，比双峰驼高一些。单峰驼脑袋小，脖子长，身躯高大，毛是褐色的，背部只有一个驼峰。刚出生的小骆驼是没有驼峰的，只有渐渐长大，开始吃固体食物后，驼峰才能慢慢长出来。如今，单峰驼已经不再被认为是野生动物，在非洲和阿拉伯地区，单峰驼常常被牧人饲养起来。

高个子的长颈鹿

长颈鹿大约有 5.5 米高，是动物界的巨人，它就像一座移动着的瞭望塔，能看到很远的地方。长颈鹿比较温顺，眼睛总是发出柔和的光芒。由于它们要时常吃树叶，这就使得它们的下颚肌肉不停地运动，而脸部的肌肉由于缺少运动生长缓慢，所以我们可以看到长颈鹿总是一副僵硬的表情。雄性长颈鹿往往通过打斗来确定谁最强，它们肩并肩站在一起用头互相猛烈撞击，还把脖子缠在一起，但战斗中没有一头长颈鹿会受重伤。成年长颈鹿用它那硕大而有力的蹄子保护自己，甚至可以把一头狮子一脚踢死。

“四不像”的麋鹿

由于麋 (mí) 鹿的角像鹿，颈像骆驼，尾像驴，蹄像牛，但整体上又不像其中的任何一种动物，所以人们把它叫作“四不像”。中国古代的人们把它们当作吉祥的动物，许多神话故事中的神仙就乘坐这种鹿。麋鹿曾广泛分布于中国各地，但是由于人类的大量捕杀和气候的变化，使野生麋鹿种群在 19 世纪后半期灭绝。到清朝时仅在皇家猎苑北京郊区的南海子饲养着唯一的一群。19 世纪末被盗运到国外，只剩下 18 只在英国生活。1956 年，阔别家乡多年的麋鹿首次回到中国。1985 年，中国再次从英国接回 20 头，让它们在祖先居住过的南海子安家落户，重建种群。

洋话天天说

A：Tell me the truth. I don't want nonsense.
B：I am telling the truth.
A：告诉我真相，我不想听你胡说八道。
B：我说的是实情。

长途迁徙的驯鹿

驯鹿又叫“角鹿”，它们很强壮，幼鹿刚降生就能站立，半小时后就可以跑动，出生两三天即可跟着母鹿一起赶路，一个星期后，它们就能像父母一样跑得飞快，时速可以达到 48 千米。

驯鹿最惊人的举动，就是每年一次长达数百千米的大迁徙。迁徙时，它们总是匀速前进，秩序井然，只有当狼群或猎人追来的时候，才会猛跑一阵，展开一场生死的角逐。这一路上，驯鹿群会受到无数猛兽的攻击，所以，有人把驯鹿的迁徙叫作“胜利大逃亡”。

大嘴巴的河马

河马是非洲的特有种群。在陆地上生活的动物之中，河马是第二大动物，只有大象比它大一些。其实河马除脸部像马外，在形态上更像猪。河马有着一张血盆大口，粗壮的獠牙，四肢短粗，躯体像粗圆桶。它们经常栖息在河流附近的沼泽地及芦苇中，很少显露它们凶猛的兽性。由于大部分时间呆在水中，皮肤排出的液体含红色色素，俗称为“血汗”。它们的皮肤长时间离水会干裂，而生活中的觅食、交配、产仔、哺乳也都在水中进行。

身披重甲的犀牛

犀牛身躯庞大，身披“重甲”，鼻生犀角，看起来非常威武。犀牛的主要种类有印度犀牛、白犀牛、黑犀牛以及苏门答腊犀牛等。

印度犀牛又叫“大独角犀”，目前仅存于尼泊尔和印度东北部。世界上现存的印度犀

牛数量为1000～1500只。成年印度犀牛体重2000～4000千克，是亚洲最大的犀牛。印度犀牛只有一只角，皮肤比较粗糙，有明显的褶皱和许多圆钉头似的小鼓包，好像披着一层厚厚的铠甲。

白犀牛是现存体形最大的犀牛，也是体重仅次于大象和河马的最大陆生动物。白犀牛最显著的特征是嘴部比较宽，所以白犀牛又叫“方嘴犀”。当它们头向下的时候，嘴巴贴近地面，可以像割草机一样啃食地上的草。白犀牛主要分布于非洲南部和东北部。

黑犀牛也叫“非洲犀”，体重1500千克左右。它们以树木和灌木为食，上嘴唇向前突出，而且非常灵活。黑犀牛比白犀牛好斗，遇到危险之后它不是马上逃开，而是直接冲上前去。黑犀牛已于2011年被宣布灭绝。

苏门答腊犀牛是现存的犀牛中体形最小的一种，目前已濒临灭绝。它们头部长着两只角，所以又叫“亚洲双角犀牛”，也是唯一身上长毛的犀牛。这种犀牛主要在茂密丛林中接近水的地区活动，喜欢吃树叶、细树枝、竹笋，有时候也吃果子。

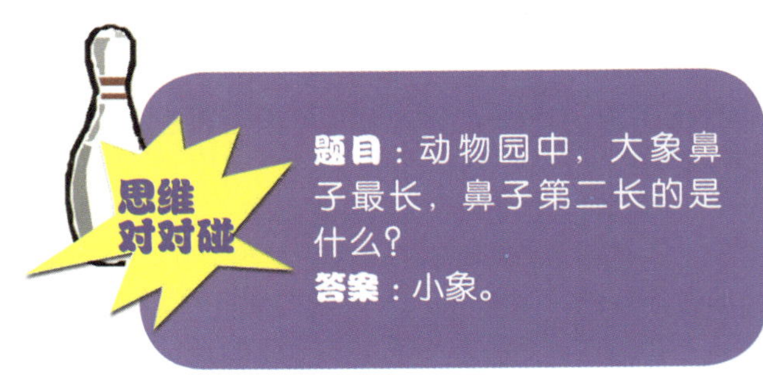

文身的斑马

斑马是非洲大陆的特产动物。斑马的外形与一般的马相似。各种斑马都有深色的条纹遍布在较浅色的身体上。这些光滑的条纹，在阳光的照射下显得色彩斑斓，很是耀眼。这些条纹是为了适应生存环境而进化出的保护色。因为在阳光或月光的照射下，反射光线各不相同，起到了模糊或分散斑马身体轮廓的作用，远远望去，很难将它同周围环境区分开来。

水对斑马十分重要，在缺少水的地方，斑马会自己挖井找水。在所有动物中，斑马找水的本领最高明。它们靠着天生的本能，找到干涸的河床或可能有水的地方，然后用蹄子挖土，可以挖出深达1米的水井。

善于跑跳的藏羚羊

藏羚羊主要生活在中国青藏高原，有少量分布在印度拉达克地区。藏羚羊一年四季毛色变化很大。春季，它的毛色发红，到了夏季渐渐发白，而到了冬季又成了棕色。

藏羚羊的活动习性很复杂，有一些藏羚羊会长期居住在一个地方，还有一些有到处搬家的习惯。藏羚羊善于奔跑，最高时速可达 80 千米。

藏羚羊全身是宝。它那佩刀一样的长角是精美的艺术品，它的皮可制成革，毛可以用来制作妇女化妆用的刷子。所以，长期以来对藏羚羊的偷猎非常严重，导致藏羚羊已经到了将近灭绝的边缘。

爸爸买回一个大西瓜，切了四块。他想考考明明的算术学得怎么样，就问：“明明，要把这四块西瓜平均分给五个人，该怎么分呢？”明明毫不犹豫地说：“那还不简单，把它榨成西瓜汁，每人分一杯不就成了嘛。”

浑身是刺的豪猪

豪猪又叫“箭猪”“刺猪”。从它的背部到尾部都长满了刺，特别是臀部上的棘刺长得更粗、更长、更多，其中最粗的跟筷子差不多，最长的可达半米。每根棘刺的颜色都是黑白相间，很是鲜明。豪猪在与猛兽搏斗时，能迅速地将身上锋利的棘刺直竖起来，一根根利刺，就像颤动的钢筋，互相碰撞，发出“唰唰”的响声；同时嘴里也发出“噗噗”的叫声；接着就会调转屁股，倒退着以锋利的长刺向敌人冲去。豪猪最厉害的一招就是用尾巴猛击敌人的头部，将尾巴上短而粗的刺扎进敌人面部。敌人如果被刺中，针毛就会留在肌肉里，疼痛难忍。狼、狐狸和大山猫等碰上豪猪，都不敢轻易去惹它。

我来考考你

1. 你知道犀牛都有哪些种类吗？它们都生活在哪里？
2. 被称为“四不像”的是（　　）。
   A. 斑马　B. 羚羊　C. 麋鹿

吃虫子的哺乳动物——食虫类

食虫类动物是有胎盘兽类中最原始和最古老的一支，在兽类的进化史中起过举足轻重的作用。很多学者通常认为大多数较高等的动物都是由早期的食虫目分化出来的。这类动物大多为夜行性，胆小而且缺乏自卫能力。食虫类动物广泛分布于世界各地。现在，就让我带同学们认识下这些吃虫子的哺乳动物吧。

白蚁的天敌——大食蚁兽

大食蚁兽生活在美洲，是一种以白蚁为食的哺乳动物。它没有牙齿，但有一个很长的嘴，当长嘴前端的鼻子嗅出白蚁的气味后，便挥舞锋利的前爪刨开蚁洞，直捣白蚁窝，趁白蚁惊慌逃窜时，它便伸出长约30厘米的舌头，利用舌上的黏液粘住白蚁并送进嘴里。大食蚁兽的前腿粗壮有力，长长的爪子弯曲如镰刀，这是自卫和挖掘蚁巢的武器。由于前爪又长又弯，所以行走时前脚掌不着地，而以趾背着地，一瘸一拐，步法古怪。大食蚁兽性情温和，对人畜无害，主要栖息于热带草原和疏林中，尤其喜欢在水边低洼处和森林沼泽地带营筑家园。

身披铠甲的犰狳

犰狳（qiú yú）全身披挂坚甲护身，活像一个古代武士，因而又有人称其为“铠鼠”。它们分布于中美和南美热带森林、草原、半荒漠及温暖的平地和森林。

犰狳身上的鳞片是由许多细小的骨片构成的，每个骨片上长着一层角质的鳞甲，这就成为它抵御敌人的防护壳。有的犰狳凭借自己坚硬的骨甲，把身体紧紧地蜷缩起来，形成一个球形的甲团，连大型食肉兽也别想伤害它一根毫毛。犰狳具有令人吃惊的嗅觉和视觉，当它感到处境危险时，能以极快的速度把自己的身体隐藏到沙土里。犰狳昼伏夜出，属杂食性动物，多吃甲虫、蠕虫、白蚁、黑蚁、蝗虫、小蜥蜴、鸟蛋和蛇类等。犰狳还喜欢吃腐烂的动物尸体，在草原上，哪里有死牛、死马及其他动物腐烂的尸体，哪里就有犰狳在打洞。

江城子

苏轼

十年生死两茫茫，不思量，自难忘。千里孤坟，无处话凄凉。纵使相逢应不识，尘满面，鬓如霜。　夜来幽梦忽还乡，小轩窗，正梳妆。相顾无言，惟有泪千行。料得年年肠断处，明月夜，短松冈。

浑身长刺的刺猬

刺猬是一种小兽，长不过25厘米，尖尖的嘴，小小的耳朵，短短的腿。虽然身单力薄，行动迟缓，却有一套保护自己的好本领。刺猬身上长着粗短的棘刺，连短小的尾巴也埋藏在棘刺中。当遇到敌人袭击时，它的头朝腹面弯曲，身体蜷缩成一团，包住头和四肢，浑身竖起钢针般的棘刺，宛如古战场上的“铁蒺藜”，使袭击者无从下手。刺猬扒洞为窝，白天隐匿在巢内，黄昏后才出来活动。刺猬嗅觉灵敏，以昆虫和蠕虫为食，也吃幼鸟、鸟蛋、蛙、蜥蜴等，偶尔也吃农作物。刺猬一年一胎，初生幼崽背上的毛稀疏柔软，几天后才能逐渐硬化变为棘刺。入冬后，它们要进入冬眠，会足足睡上5个月，之后才肯重新出来活动。由于刺猬性格温顺，不会随意咬人，动作举止憨厚可爱，深得人们的宠爱，逐渐成为人们喜爱的家庭宠物。

奇怪的鸭嘴兽

世界上最奇特的哺乳动物要数澳大利亚的鸭嘴兽了。凡见过鸭嘴兽的人都说它长得实在太怪异了。鸭嘴兽长约40厘米，全身裹着柔软褐色的浓密短毛，四肢很短，五趾具钩爪，趾间有薄膜似的蹼，酷似鸭足，嘴形也酷似鸭嘴，尾大而扁平，在水里游泳时起着舵的作用。作为哺乳动物，鸭嘴兽虽然也分泌乳汁哺育幼仔成长，但却不是胎生而是卵生。即由母体产卵，像鸟类一样靠母体的温度孵化。母兽没有乳房和乳头，在腹部两侧分泌乳汁，幼仔就伏在母兽腹部上舔食。

鸭嘴兽生长在河、溪的岸边，大多数时间都在水里。它的皮毛有油脂，能让身体在较冷的水中仍保持温暖。在水中游泳时它是闭着眼的，靠其触觉敏感的鸭嘴寻找在河床底的食物。它以软体虫及小鱼虾为食。鸭嘴兽能潜泳，常把窝建造在沼泽或河流的岸边，洞口开在水下，包括山涧、死水或污浊的河流、湖泊和池塘。

思维对对碰

题目：小刺猬，毛外套，脱了外套露紫袍，袍里套着红绒袄，袄里睡个小宝宝。（打一果实）

答案：栗子。

长相可爱的马来熊

马来熊又叫“太阳熊”，因为它的胸前长着一块黄色的斑纹，看起来就像早晨初升的太阳；在中国也有人把它叫作“狗熊”，因为它体态伶俐、矫捷，坐着的时候就像一只肥胖的小狗，非常可爱。马来熊是世界上最小的熊类，几乎只有棕熊体重的1/20。马来熊主要分布在东南亚和南亚一带，在我国的云南以及西藏也有少量分布。白天，它们喜欢待在树上，这样比较安全；晚上，马来熊会寻找各种美食来“消夜”。它的舌头特别长，可一次把白蚁舔个精光。

洋话天天说

A：We lost the game again！

B：Cheer up！ You'll do better next time.

A：我们又输了。

B：振作点儿，下次你们会做得更好。

肚皮笑笑破

程成去瓜地买瓜。他挑了一个又大又好的瓜，问道：“这个瓜多少钱？”卖瓜人说：“给五角钱吧。”“我只有一角钱。”程成说。“这样吧，”卖瓜人指着一个又小又青的瓜说，“把那个瓜卖给你吧！”“好吧！我就要这个。”程成说，“不过，现在不能摘下来，过半个月我再来拿！”

我来考考你

1. 你知道白蚁的天敌是谁吗？
2. 鸭嘴兽生活在（　　）。
   A. 中国　B. 欧洲　C. 澳大利亚

最多的哺乳动物——啮齿类

啮（niè）齿类动物是哺乳动物中种类最多的一个类群，也是分布范围最广的哺乳动物，全世界有 2000 多种。除了少数种类外，一般体形均较小，数量多，繁殖快，适应力强，能生活在多种多样的环境中，其中大多数种类为穴居性。从进化角度来讲，它们是现存哺乳类中最为成功的类群。那么，都有哪些有名的啮齿类动物呢？让我们来认识一下吧。

敏捷活泼的小松鼠

提起可爱的小松鼠，同学们一定不会陌生。松鼠的种类很多，我国就有 26 种，其中生活在树林里的灰松鼠最为常见，在我国东北和华北各地都能看到它们。灰松鼠的身体细长，体毛为灰色、暗褐色或赤褐色。

松鼠一般白天活动，清晨更加活跃。它们的听觉和视觉都很好，行动敏捷、活泼。因此常常可以看到松鼠拖着一条又长又蓬松的大尾巴，在松树上蹿来蹿去，有时还用两只前脚捧着一个松果，用锐利的门牙啃着吃，模样真是可爱极了！

卜算子

苏轼

缺月挂疏桐，漏断人初静。谁见幽人独往来，飘缈孤鸿影。　惊起却回头，有恨无人省。拣尽寒枝不肯栖，寂寞沙洲冷。

会冬眠的金花鼠

金花鼠是一种恒温的哺乳动物。它有储藏食物和冬眠的习性。当冬天快要来临时，金花鼠就会大量进食以积聚脂肪，为冬眠做准备。一到冬天，金花鼠就停止进食，体温降至 1℃，进入冬眠，这时它的脉搏每分钟一次，维持着最低的代谢循环，以防止冻僵。到了次年 4 月，春回大地时，金花鼠便突然苏醒，在不到两小时内，体温从 1℃回升到 37℃，并开始摄食，直到 10 月底又重新进入冬眠。

科学家通过实验证明，金花鼠的冬眠与日照时间、气温高低无关，而是金花鼠体内的生物钟在起作用，真是个了不起的小家伙。

>> 不敢离水的水豚

水豚是世界上最大的啮齿类动物，喜欢栖息于植物繁茂的沼泽地中，多以家族集群，每群不超过 20 头。主要吃野生植物，偶尔也吃水稻、甘蔗、各种瓜类和啃咬小树嫩皮。常站在齐腰深的水中吃水生植物。水豚喜欢安静，不爱戏耍，行动迟缓，但遇到危险则会迅速跳进水中逃跑。它们从来都不离开水，善于游泳和潜水，游泳时仅鼻孔、眼、耳露出水面。在水下能潜游很远的距离，或将鼻孔露出水面，长时间隐匿在水生植物中不动。

ABC 洋话天天说

A：Let's have pizza for lunch.

B：No way！ I hate pizza.

A：我们中午吃比萨吧。

B：不行，我讨厌比萨。

>> 可爱的小兔子

兔子是一种非常可爱的小动物。它们长着长长的耳朵、三瓣嘴、短短的尾巴，前腿比后腿短，善于跳跃，跑得很快。兔子性情温和，胆子非常小，常常夜间才敢出来觅食。兔子有家养的和野生的，家兔和野兔身体结构上并没有什么差异。野兔分布在开阔的田野里，从草地到沙漠都有它们的行踪，它们从没有固定的家。野兔可分为穴兔类和兔类两大类。穴兔类在地下挖掘相互连通的洞道，喜爱居住在洞穴中，并在洞穴中产崽。幼崽初生时无毛，闭着双眼，也没有听觉，不会活动，10 天后才长毛并出洞活动。兔类终生在地面上生活，从不挖掘地下洞道，在地面上产崽，初生幼崽毛已长齐并睁眼，有听觉，出生后不久即会跑动。

家兔可成群生活，但野兔一般独居。生活在中国的野兔有草兔、雪兔、高原兔、华南兔、东北兔等。兔的繁殖能力极强，雌兔长到 8 个月大时就可以生小兔了。怀孕 1 个月后就能生小兔，一年能生好几窝呢。

思维对对碰

题目：尖尖的嘴巴像老鼠，一身茸毛尾巴粗。爱在森林里边住，爱吃松子爱上树。（打一动物）

答案：松鼠。

建筑大师——河狸

河狸是动物世界中最伟大的建筑家，它能够改造自己生活的环境。当河狸移居到一条新的河流时，它要做的第一件事就是筑一道堤坝。它用有力的牙齿啃断小树，拖到目的地，再用敏捷的前爪在断树干之间填上泥、石头和小树枝来筑坝。水坝堵住水流，就形成了一个池塘。在池塘中间，河狸建造它的巢穴。巢穴中间是空的，幼河狸在里面出生并安全地避开敌人。河狸的巢穴还会一代接一代地传下去。据说，有一些河狸的巢穴已经使用了 1000 多年。

肚皮笑笑破

爸爸要换个地方住，找到一处合适的房子，想租下来，但房东提的条件很奇怪："只租给没有孩子的人。"爸爸与房东协商多次，都没能谈成，只好放弃了。宁宁不甘罢休，大大方方地找到房东说："这房子我租了，我没有孩子，只有父母。"

我来考考你

1. 哺乳动物中种类最多的是＿＿＿＿。
2. 河狸为什么被称作"建筑大师"？

长着口袋的哺乳动物——有袋类

有袋类动物是哺乳类中一个古老的类群，它们在生存竞争上处于劣势，特别是成为食肉类动物的捕食对象，使它们在亚洲、欧洲和非洲等大陆相继绝迹。但大洋洲处于特殊的地理位置，不仅食肉类等高等哺乳动物未能侵入，而且气候环境等也没有太大的变化。这就使得有袋类动物能够幸运地生存至今。现在，就让我们来了解一下这些幸运的动物吧！

体形巨大的袋鼠

袋鼠科是有袋类的典型动物，有52种，分布于澳大利亚、塔斯马尼亚、新几内亚及附近若干岛屿，并被引入新西兰，大多数种类陆栖，只有树袋鼠树栖。生活于森林灌丛地带的灰大袋鼠和生活于草原地带的赤大袋鼠是最大的有袋动物，也是袋鼠科的代表种类。它们头小耳朵大，眼睛也很大，身长约为1.5米，尾长约为1.2米，体重70～90千克，相貌奇特，非常惹人喜爱。它们适应于跳跃的生活方式，前肢短小而瘦弱，可以用来搂取食物，后肢强大，一步可跳5米远，时速可达40～65千米。

水陆两栖的蹼足负鼠

蹼足负鼠是唯一一种采取水陆两栖生活方式的有袋类动物，它的生活习性类似鸭嘴兽。蹼足负鼠有着适合自己特殊生存方式的身体结构：后脚的蹼使得它很善于游泳，前脚尖非常宽大、敏捷，有利于捕食猎物。蹼足负鼠在水下的时候眼睛紧紧地闭着，它们寻找食物完全依靠敏感的前脚尖。

浣溪沙

苏轼

簌簌衣巾落枣花，
村南村北响缫车，
牛衣古柳卖黄瓜。
酒困路长惟欲睡，
日高人渴漫思茶，
敲门试问野人家。

惹人讨厌的袋獾

袋獾产于澳大利亚的塔斯马尼亚岛，是世界珍稀动物。它的相貌非常怪异：前爪像犬，耳朵像蝙蝠，胡须长而密像猫，腹部像袋鼠，上下腭长长的，龇着鬣狗一般的獠牙，样子非常丑陋，身上还发出一股难闻的气味。这种性情凶残的食肉动物不但吃各种小鸟、小兽和蜥蜴类动物，还吃动物的尸体，甚至会潜入村庄，掠食各种家禽、家畜。它的叫声非常凄厉，行动迅速敏捷，常常神出鬼没，所以当地的人们就把它们称作“塔斯马尼亚的恶魔”。

洋话天天说

A：It's an important test.
B：Yes, I will go for it!
A：这是一次重要的考试。
B：是的，我要加油！

街头取宠的帚尾袋貂

帚尾袋貂体长32～58厘米，体重2～5千克，体色棕黑，具浓密的灰色绒毛，面目像狐，尾长而卷，尾后半部有扫帚状的毛，因此得名。

帚尾袋貂分布于澳大利亚北部、东南、西南及塔斯马尼亚岛，是澳大利亚最普通的有袋动物，也是最快适应并能和人类和谐相处的一种有袋类动物。澳大利亚的许多公园中、乡间的树林中都会有它们的身影。它们常常站在路边引颈张望，等候观望它们的游客前来，有意地引来路人围观。路人常常被它们可爱的样子吸引，就会喂食薯条、面包给它们。尤其是在夏夜的黄昏后，成群的帚尾袋貂爬下树来，成为很多市区的一景。真是一群机灵的家伙。

小明一直只吃鸭肉，鸡肉怎样做他都不吃。妈妈问他："你怎么只吃鸭肉不吃鸡肉啊？"小明回答："鸡整天都不洗澡的，好脏，才不吃。鸭子都是在水里的，天天洗澡。"

从不喝水的树袋熊

树袋熊又名“考拉”，是一种树栖的有袋类动物，也是澳洲有袋动物中最珍贵的一种。树袋熊性情孤僻，平时都单独活动。白天睡在树杈上或树洞中，夜间才出来活动。它的食物差不多是清一色的桉树叶和胶树叶。桉树叶有毒性，并有难闻的气味，而且营养价值不高。但是树袋熊的消化系统已经完全适应了这种食物，它的盲肠变得特别发达，并通过盲肠里消化酶的作用，吸收桉树叶中有限的营养。因为树袋熊大量吃的桉树叶中含有大量的水分，所以它终生不喝水，真是一个了不起的本领。

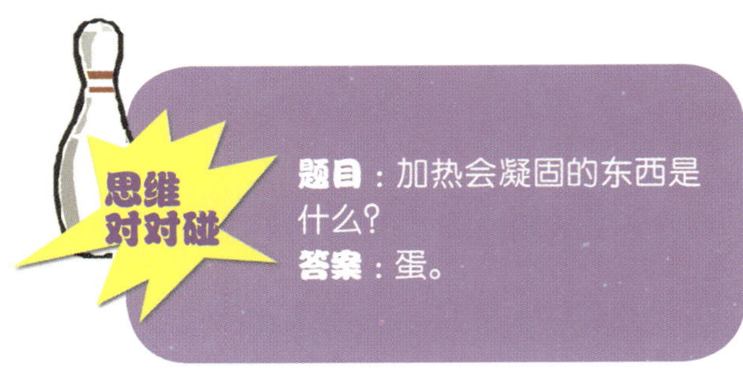

思维对对碰

题目：加热会凝固的东西是什么？

答案：蛋。

我来考考你

1. 你知道的有袋类动物都有哪些？
2. 世界上最大的有袋类动物是（　　）。
   A. 袋鼠　B. 树袋熊　C. 帚尾袋貂

第六章 种类繁多的小小昆虫

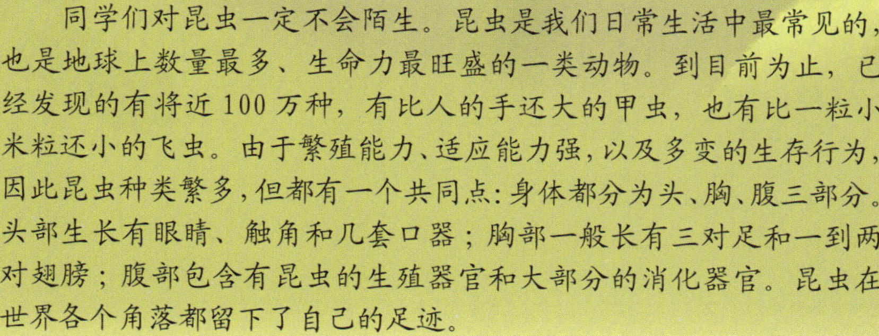

同学们对昆虫一定不会陌生。昆虫是我们日常生活中最常见的，也是地球上数量最多、生命力最旺盛的一类动物。到目前为止，已经发现的有将近100万种，有比人的手还大的甲虫，也有比一粒小米粒还小的飞虫。由于繁殖能力、适应能力强，以及多变的生存行为，因此昆虫种类繁多，但都有一个共同点：身体都分为头、胸、腹三部分。头部生长有眼睛、触角和几套口器；胸部一般长有三对足和一到两对翅膀；腹部包含有昆虫的生殖器官和大部分的消化器官。昆虫在世界各个角落都留下了自己的足迹。

无翅昆虫

无翅昆虫就是那些没有翅膀的昆虫，一般个头儿比较小，它们主要生活在落叶或土壤中。全世界大概有3000种没有翅膀的昆虫，在亚马孙雨林地区和南极洲等地方很多见。下面，就让我们来认识几种常见的无翅昆虫吧。

中国独有的白蜡虫

白蜡虫是我国特产的资源昆虫之一，别名“蜡虫”。雌虫一生只有卵、若虫、成虫三个虫态，属不完全变态类型；雄虫有卵、幼虫、蛹、成虫四个阶段，属完全变态类型。雄虫能分泌蜡质分泌物，为高级动物蜡，熔点高，质地硬，颜色洁白，透明度好，理化性能稳定，凝结力强，无臭，无味，润滑，广泛用于化工、医药等行业。

团结的小不点儿——蚂蚁

同学们都知道，蚂蚁是一群团结的小不点儿。蚂蚁在世界各个角落都能存活，秘诀就在于它们生活在一个非常有组织的群体中。它们一起工作，一起建筑巢穴，使它们的卵与后代能安全成长。冬天，蚂蚁躲在蚁巢中过冬，有些种类的蚂蚁冬天休眠，有些种类却不休眠，在活动状态下过冬。蚂蚁有不同的职责分工：蚁后产卵，大部分卵将发育成雌性，它们被称为“工蚁”。它们负责建筑并保卫巢穴，照顾蚁后、卵和幼虫，并搜寻食物。到了一定的时候，雄蚁与新的蚁后会产生出来。它们有翅膀，从巢穴里成群飞出。交配以后，雄蚁就死去，新的蚁后则开始领导起新群体的生活。

诗词贝贝乐

蝶恋花

苏轼

花褪残红青杏小。燕子飞时，绿水人家绕。枝上柳绵吹又少，天涯何处无芳草。　墙里秋千墙外道。墙外行人，墙里佳人笑。笑渐不闻声渐悄，多情却被无情恼。

可恶的白蚁

白蚁是一种活动诡秘的群居性害虫。白蚁的形状像蚂蚁，分布于热带和温带地区。由于它们怕光，所以总是生活在洞穴之中。白蚁的嘴上长着一对能咬断铅丝的锋利大颚，它用这对大颚嚼吃枕木、桥梁、堤坝，有些地区连田野里正在生长的农作物也成为它们吞噬的对象。

题目：小小虫儿很勤劳，它的本领真不小，会把粮食搬，还会打地道。（打一动物）
答案：蚂蚁。

洋话天天说

A：I can't finish my homework. Can you help me to do some?
B：It's not!
A：我完不成家庭作业了，你能帮我做一些吗？
B：不行！

每个蚁群里都有几千到几百万只白蚁，其中有专管生殖的蚁王、蚁后以及工蚁、兵蚁。白蚁的繁殖能力特别强，一只蚁后一生产卵可达几百万粒，平均每小时产卵 60 粒。别看白蚁的身体很小，它的蚁后寿命却很长，一般能活 15 ~ 30 年，有的甚至能活 50 年。在非洲，白蚁筑成的蚁巢竟高达数十米，其坚硬的“围墙”要用斧头才能敲碎。

恶心的蟑螂

蟑螂是我们最常见也是最讨厌的昆虫。它适应任何的生活环境。在我们的房子里生活着的蟑螂，几乎什么东西都吃。蟑螂繁殖能力很强，所以它们能够长久地存活下来。一只雌性蟑螂能活两年，能产下大概 1000 粒卵。

别看蟑螂如此惹人讨厌，但它们对子女的爱可是很深厚的。蟑螂在它们的儿女还没有问世时，就已表现出对后代的关心备至。雌虫排卵之前，在腹部先形成一个黄褐色的卵鞘，卵鞘里包着 20 ~ 30 粒卵。卵鞘产出后，它不肯将其放下，害怕被其他捕食性动物吃掉或伤害，仍将卵鞘粘连在自己的腹部末端。就连夜出觅食时也拖带着这个沉重的“包袱”，宁愿自己辛苦点，也不让后代遇到不幸，直到卵在卵壳里一天天地发育、长大成幼虫。

肚皮笑笑破

晚上，爸爸给小亮讲《小蝌蚪找妈妈》的故事，哄他睡觉。故事讲完了，他却仍然不睡，爸爸开导他：“故事讲无了，小蝌蚪都找到妈妈了，你也该睡觉了！”小亮摇了摇头，说：“不睡，小蝌蚪还没找到爸爸呢。”

我来考考你

1. 你知道的无翅昆虫都有哪些？
2. 一只雌性蟑螂在一生中一般能产卵（　　）。
   A.100 粒　B.1000 粒　C.10000 粒

有翅昆虫

昆虫家族的成员众多，除了地上爬的，也有天上飞的，比如蜻蜓、蜜蜂、蝴蝶、蚕蛾等。它们有一些共同特点：口器外形像喙（鸟嘴），能够刺破食物，吸食里面的汁液；口器和头部之间有折环，不用时可以放在身体下方；它们大多生活在植物上，吸食植物的体液。下面，就让我们来看看这类昆虫的神奇之处吧！

昆虫中的直升机——蜻蜓

同学们，每当你看到在空中飞舞的蜻蜓，是不是感觉它很像直升机呢？蜻蜓属于大型昆虫，也是最原始的昆虫之一。它翅膀发达，头部可灵活转动，触角短，长有发达的复眼和三个单眼，复眼由28000多只小眼组成，是世界上“眼睛”最多的动物。咀嚼式口器强大有力。腹部细长，扁形或呈圆筒形。世界上共有5000余种蜻蜓。

蜻蜓的飞行能力很强，既可突然回转，又可垂直升降，有时还能后退飞行。

蜻蜓和其他许多昆虫都不一样，它的卵是在水里孵化的，幼虫也在水里生活，我们常见的“蜻蜓点水”实际上是它在产卵。

勤劳的蜜蜂

同学们，你一定认识蜜蜂吧。从春季到秋末，在植物开花季节，蜜蜂天天忙碌不息。蜜蜂一般体长8～20毫米，黄褐色或黑褐色，生有密毛。头与胸几乎同样宽。有椭圆形复眼，嚼吸式口器，后足为携粉足。生有两对膜质翅，前翅大，后翅小，前后翅以微小的钩状毛连在一起。腹部近椭圆形，腹末有螫针。蜜蜂一生要经过卵、幼虫、蛹和成虫四个虫态。

在蜜蜂社会里，它们仍然过着一种母系氏族生活。在它们这个群体大家族的成员中，有一个蜂王（蜂后），它是具有生殖能力的雌蜂，负责产卵繁殖后代，同时“统治”这个大家族。

一些负责采蜜的工蜂在找到蜜源后，就会采一点花蜜和花粉，然后赶快飞回蜂巢，不停地跳起舞来。这是在向其他工蜂传达蜜源的信息。蜜蜂不同的舞姿代表不同的含义。如果是8字舞，那说明蜜源背向太阳，蜜蜂跳舞时头会向下；如果跳圆形舞，那说明蜜源离蜂巢不太远。蜂巢里的工蜂得到消息后，就向蜜源飞去。等它们采完蜜回来，还会接着向蜂群内其他同伴跳舞。这样一来，越来越多的工蜂飞回蜜源，采回更多的花粉和花蜜。

念奴娇·赤壁怀古

苏轼

大江东去，浪淘尽，千古风流人物。故垒西边，人道是，三国周郎赤壁。乱石穿空，惊涛拍岸，卷起千堆雪。江山如画，一时多少豪杰。　遥想公瑾当年，小乔初嫁了，雄姿英发。羽扇纶巾，谈笑间，樯橹灰飞烟灭。故国神游，多情应笑我，早生华发。人生如梦，一樽还酹江月。

美丽的蝴蝶

蝴蝶一般色彩鲜艳，翅膀和身体有各种花斑，头部有一对棒状或锤状触角。蝴蝶翅膀上的鳞片如屋顶之瓦片般重叠排列，形态类似球拍，基部有一小柄嵌入翅膀上的凹窝，具有防水功能。最大的蝴蝶展翅可达24厘米，最小的只有1.6厘米。蝴蝶的一生要经过卵、幼虫、蛹和成虫四个发育阶段。

在同一地区、不同海拔高度形成了不同温湿度环境和不同的植物群落，也相应形成了很多不同的蝴蝶种群。蝴蝶总数约有14000种，蝴蝶的数量以南美洲亚马孙河流域出产最多，其次是东南亚一带。大型蝴蝶非常引人注目，并且专门有人收集各种蝴蝶标本，在美洲“观蝶”迁徙和“观鸟”一样，成为一种游览活动，吸引许多人参加。世界上最美丽、最有观赏价值的蝴蝶，多出产于南美的巴西、秘鲁等国。

A：The is ringing.
B：I'll get it.
A：电话响了。
B：我来接。

善于伪装的枯叶蝶

从枯叶蝶的名字上就可以知道，这种蝴蝶可以变得像枯萎了的叶子一样。但其实它们的颜色很鲜艳，尤其是翅膀背面的颜色，在空中拍打、飞行时显得很漂亮。当它停在枝头休息时，两只翅膀合在一起，翅膀的里面就向外，因为翅膀里面的颜色和枯叶的颜色一模一样，看起来就像枯叶一样了，这使它在休息时不容易被敌人发现。枯叶蝶最让人称奇的是它翅膀里面的花纹叶可以模仿树叶的叶脉结构和花纹，两者简直一模一样。

最美丽的蝴蝶——凤蝶

凤蝶是蝴蝶家族中最美丽的一群。它们体形比较大，色彩鲜艳，翅膀颜色特别丰富，常以黑、黄、白色为基调，饰有红、蓝、绿、黄等色彩的斑纹，部分种类更具有灿烂耀目的蓝、绿、黄等色的金属光泽。它们形态优美，飞行时像被风吹起的飘带一样，非常漂亮。

凤蝶在全世界的分布很广，特别是在比较温暖的地区。而且凤蝶里还有世界上最大蝴蝶，非常珍贵。

外表艳丽的红纹丽侠蝶

红纹丽侠蝶有一个非常美的名字，这是因为它们的翅膀上有让人羡慕的黑、白、红三种颜色，是外表十分艳丽的一类蝴蝶。红纹丽侠蝶常将卵一簇一簇地产在带刺的荨麻或者是类似植物的下面。它们的毛虫是黑色的，身上有棕色和黄色的尖刺，这些尖刺能起到一定的保护作用。它们把荨麻当作食物，还能咬破荨麻的叶子，折叠起来做成一个小“帐篷”来保护自己。

爸爸加了一夜班，回到家里很累，就躺在屋里睡觉。吃饭时妈妈对巍巍说：“去叫里屋的‘懒虫’来吃饭。”巍巍就进屋去了，一会儿出来对妈妈大叫道：“那不是虫，是我爸！”

飞行最远的蝴蝶

一种叫“君主斑蝶”的蝴蝶，是一种具有迁徙习惯的蝴蝶。每年的 11 月到次年的 3 月，君主斑蝶成千上万地从加拿大东南部和美国东部山区飞到墨西哥城以西 200 千米的“蝴蝶谷”，这段距离有 5000 多千米。一个蝶群的蝴蝶数量十分可观，有 40 万～50 万只。这些美丽精灵张开的翅膀长度可以达到 10 厘米，当蝶群飞过时，犹如一片云彩，遮天蔽日，景象蔚为壮观，但也给当地居民的生活造成许多不便。所以，君主斑蝶途经之地，许多人出门远游，以避开这些“长途旅行家”。君主斑蝶的迁徙并不仅限于美洲大陆，由于它们卓越的长距离飞行能力，它们甚至曾经飞越太平洋到达澳大利亚、新西兰和夏威夷群岛等地。

色彩斑斓的蛾

蛾类长得很像蝴蝶。蝶类与蛾类共同的特征是身体和翅的表面布满了五颜六色的鳞片和细毛。然而仔细观察，它们之间有着很大的差别：蝶类的触角末端膨大像打棒球用的木棒，而蛾类的触角则呈线状或羽状；蝶类在休息时它们的翅是合拢起来立于背上的，而蛾类休息时是将翅平放于身体两侧或收缩成屋脊状；蝶类大多在白天活动，而蛾类中的多数种类在夜间活动，通常都具有较强的趋光性。蝴蝶和蛾的发育过程都是从卵→幼虫→蛹→成虫。家蚕为蚕蛾的一种，也属于蛾类。蝴蝶和蛾的幼虫都与家蚕的幼虫差不多，大多数吃植物的叶子，也有吃小虫子的，所以它们的幼虫是害虫；而成虫一般仅取食花蜜或露水，有助于植物的授粉，为益虫。

身怀绝技的夜蛾

夜蛾的体形中等，喜欢在夜间活动，所以它的名字叫“夜蛾”。夜蛾有比较狭窄的前翅和宽阔的后翅。一般色彩比较暗淡，这种颜色有利于它适应自然环境。夜蛾有一个超强的本领，那就是它可以躲避蝙蝠的追捕。美洲有一种白蝙蝠，从发现昆虫到把昆虫捕获只需几分之一秒。但是，却捉不到夜蛾。因为夜蛾身上长有一种奇妙的“耳朵”——鼓膜器。这种鼓膜器能够截听到蝙蝠发出的超声波。当蝙蝠距离夜蛾几十米远时，夜蛾的鼓膜器就会得到警报。这时，夜蛾就开动足部关节上的振动器，发出一连串的“咔嚓”声，干扰迷惑蝙蝠，同时夜蛾身上的绒毛开始吸收蝙蝠发来的超声波，以减少回声，使蝙蝠的声呐系统的探测作用缩小，它就趁此机会顺利逃跑。

笨重的大蚕蛾

大蚕蛾又称“野蚕蛾”“天蚕蛾”，主要产于热带地区，中国已记载的有 40 多种。大蚕蛾体形笨重，翅膀的颜色鲜艳，翅膀中间各有一个圆形眼斑，后翅的肩角很发达，某些种类的后翅上还有燕尾。它们的口器完全没有功能，成年的大蚕蛾不吃东西。雄性的翅膀像羽毛，而雌性的翅膀像一根线。分布在东南亚的大蚕蛾有蛾类中最大的翅膀。它们的卵产在到处可见的树上和灌木丛中，它们的幼虫靠吃这些树木的叶子成长。大蚕蛾在全世界分布很广泛，特别是在热带和亚热带的森林里更多。

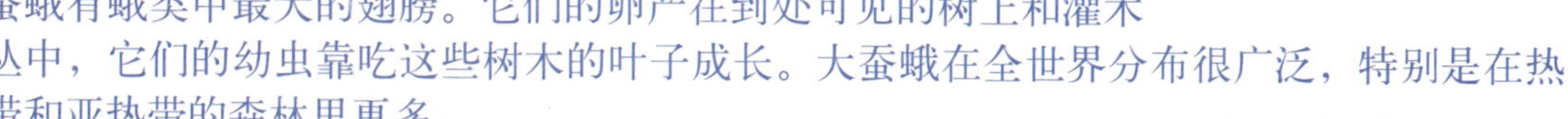

活泼的蚱蜢

蚱蜢又名“蝗虫”，通常为绿色、褐色或黑色，长着大大的头和短短的触角；前胸背板坚硬，像马鞍似的向左右延伸到两侧；有着发达的后腿，是有名的“跳跃专家”；胫骨还有尖锐的“锯刺”，是有效的防卫武器。当你在夏日穿过荒草地或漫步于树篱旁，就会听见蚱蜢“唧唧”的歌唱声。蚱蜢的歌声是由它的腿发出来的。沿着后腿的大关节处有一排“钉子”，蚱蜢利用这些“钉子”与翅膀的摩擦来发声。蚱蜢身上的条纹和斑点有助于外形的伪装，使它难以被发现。有些蚱蜢的伪装技巧相当高。蚱蜢靠着长长的后腿和良好的弹跳能力来逃离危险。逃跑的时候，它还能够连蹦带飞。

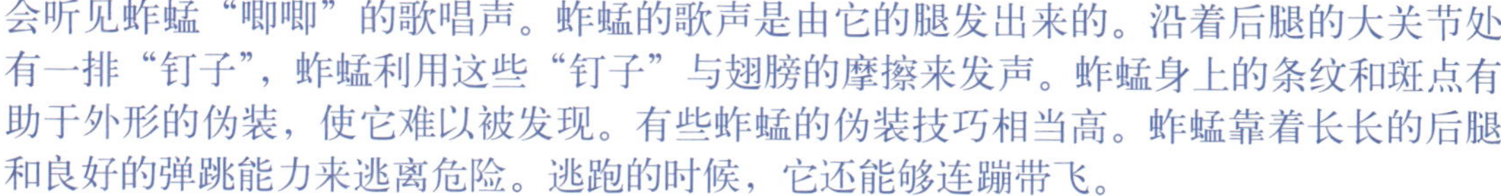

凶猛的“捕虫神刀手”——螳螂

螳螂是一种中大型昆虫，无论在热带、亚热带还是温带，都有螳螂生存。全世界有1800多种螳螂，多为绿色，也有褐色或具有花斑的种类。螳螂除了前腿特别巨大外，最明显的特征就是带着复眼的高度灵活的头。它的眼睛可以盯住正前方的任何活动目标，而其他昆虫即使拧断了头也做不到这点。螳螂一旦发现目标，就像箭一样射出去，从猛扑到捕获猎物只需要0.5秒钟，而且百发百中，因此被称为“捕虫神刀手”。螳螂猎捕各类昆虫和小动物，在田间和林区能消灭不少害虫，因而是益虫。它们生性残暴好斗，缺食时常有大吞小和雌吃雄的现象。分布在南美洲的个别种类不时还能攻击小鸟、蜥蜴或蛙类等小动物。

好斗的蟋蟀

蟋蟀俗名“蛐蛐”，全世界约2500种。蟋蟀头圆胸宽，长着丝状的细长触角，多为黄褐色或黑褐色。后足发达，善于跳跃。雄虫前翅上有发声器，能发出“瞿瞿”的音调。蟋蟀常栖息于地表、砖石下、土穴中、草丛间，夜出活动，吃各种作物、树苗、菜果等。

蟋蟀生性孤僻，一般情况下都是独立生活，绝不会和别的蟋蟀住一起，因此，它们彼此之间不能容忍，一旦碰到一起，就会咬斗起来。为了抢占领地和捍卫领地的凶杀恶战，在蟋蟀的王国里屡见不鲜。

胖乎乎的毛虫

毛虫多数为蝶和蛾的幼虫。这些幼虫身体柔软肥胖，动作非常缓慢。为了保证后代能够生存下来，很多昆虫总是以让人吃惊的数量进行生育，幼虫也就以让人吃惊的速度在成长。虽然多数的毛虫看起来很弱小，但是它们对于敌害却有很多逃避的办法。

毛虫也是鸟类的最好食物。只要鸟儿一飞来，一些毛虫就会赶紧躲起来。但是某些毛虫在受到威胁时，就会摆出一副吓人的架势来把鸟儿吓走，还有一些蝶类的幼虫身体上有毒刺，使鸟儿不敢吃它们。

毛虫在吃掉上百张叶子，经过几次的蜕皮后，身体就会不断地长大、长结实，最后蜕变成蛹。就像蝌蚪最后会变成青蛙一样，毛虫从蛹里出来后，就会变成蛾或蝴蝶。

昆虫中的小灯笼——萤火虫

在夏天的夜晚，如果你站在小河边、树荫下、田野间，就会看见一盏盏幽绿色的“小灯笼”，这就是萤火虫。萤火虫大约有2000种，分布于热带、亚热带和温带地区。萤火虫分为雌、雄两种，雌萤火虫常常在草丛里爬行，雄萤火虫却经常在夜空中飞行。萤火虫幼虫最爱吃钉螺和蜗牛。钉螺是血吸虫的帮凶，蜗牛是损害庄稼的害虫，萤火虫是专门消灭这些害虫的。萤火虫会发光是因为萤火虫的尾部两侧有发光器，当它呼吸时，发光器内的“荧光素”被氧化，就能发光了。

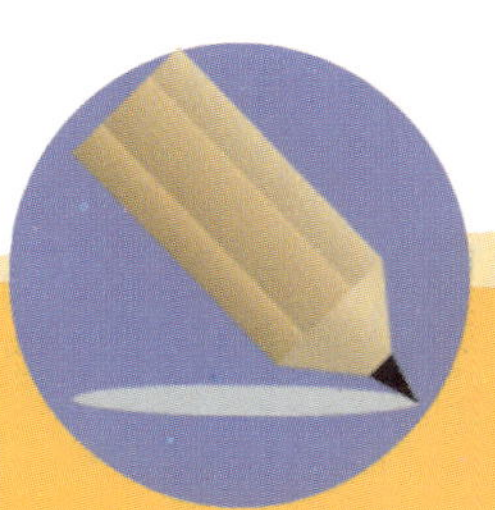

我来考考你

1. 你知道怎么区分蝴蝶和蛾吗？
2. 负责采蜜的蜜蜂是（　　）。
   A. 蜂后　B. 雄蜂　C. 工蜂
3. 萤火虫最爱吃的是______。

小小甲虫

甲虫也是昆虫家族中的一个很大的群体，大约有30万种，几乎每三只昆虫中就有一个是甲虫。它们的分布也十分广泛，从极地到雨林，几乎各种栖息地都能够看到甲虫。有生活在热带地区的、身长超过18厘米的大甲虫，也有眼睛几乎看不到的小甲虫。下面，就让我们来认识一下比较有名的甲虫吧。

逃跑高手——磕头虫

磕头虫是一种很有趣的甲虫。如果它受到了威胁，就会仰面倒在地上，腿紧紧地贴靠在身体的两侧，然后突然将身体弹到空中。它能够这样做的原因是胸部有一个特殊的关节。在它的胸腹面有一个楔形的突起，正好可以插到中胸腹面上的一个小沟里去，而这两个东西一旦套起来，就

诗词贝贝乐

蝶恋花

欧阳修

庭院深深深几许？杨柳堆烟，帘幕无重数。玉勒雕鞍游冶处，楼高不见章台路。　雨横风狂三月暮。门掩黄昏，无计留春住。泪眼问花花不语，乱红飞过秋千去。

会形成一个灵活而且强有力的机关。只要当它身体内发达的肌肉收紧，就会使前胸有力地靠向中胸，一点也不歪地撞击在地面上，这样的话就会反弹起来，翻身逃走。当它被人拿在手里的时候，它仍想用这个办法翻腾和跳跃，用来自救脱身，可是身子被人捏住了，碰不到地面，前胸和头就不停地磕起来，所以人们就叫它“磕头虫”了。

威武的独角仙

独角仙又叫“双叉犀金龟”，体形比较大，体长达到 35 ~ 60 毫米，体宽 18 ~ 38 毫米，显得很威武。因为雄性独角仙的头部有一支巨大的角，所以叫“独角仙”。它的身体呈椭圆形，颜色一般是栗褐或深棕褐色，有金属光泽。独角仙一般夜里出来活动，白天睡觉。它们主要以树木伤口处的汁液或熟透的水果作为食物，对农作物和林木基本不造成危害。它的幼虫以腐朽的木头和腐烂的植物为食，所以它们一般栖居在树木的朽心、锯末木屑堆、肥料堆和垃圾堆里，或者草房的屋顶间。在林业发达、树木茂盛的地区更常见。

A：When will you wake up？
B：It depends.
A：你什么时候起来？
B：看情况。

漂亮的金龟子

金龟子全身都穿着“盔甲”，金闪闪的威风十足，飞起来却十分笨拙，薄薄的翅膀拼命地振动着，东倒西歪、横冲直撞，有时一不小心撞到墙上，砰一下，六脚朝天地掉在地上，多亏了甲壳厚实，要不然还不定摔成什么样呢！

在食粪虫类中，金龟子是最大而且最有名的一种。金龟子的头顶上是宽阔扁平的顶壳，上面有六个细尖齿，排列在月牙儿形状的顶壳前沿。这带齿的扁形顶壳既是挖掘工具、切割工具，也是插举、抛甩粪料中无养分植物纤维的杈子，还可以当耙子用。金龟子也具有趋光性，就是哪儿有亮光就冲哪儿去。在光照下，金龟子金绿色的背闪着神秘的光泽。如果放在手掌上，它们并不会毫无顾忌地乱蹬腿，而是先装死，一动不动，等到周围安静之后，它们才开始慢慢地活动腿脚，振翅飞走。

有趣的锹甲

锹甲的长相很凶恶、很吓人，但是它们对人类和其他动物并不会造成什么威胁。它们主要是以树液或者其他液体为食物。锹甲的种类很多，大约有1250种，有的长达10多厘米。它们大部分是黑色或者褐色的，一般生活在林地里，在热带地区比较常见。雄锹甲的上颚是分叉的，它们是一种好斗的昆虫，常常为了争夺雌锹甲而打架，但结果都不会很严重，因为它们上颚的肌肉很脆弱，无法撕咬并杀死对方。不过，如果一只锹甲在打架时不幸被打倒在地，四脚朝天，那它就很难翻过身来。这样的话，它就很容易被鸟类等天敌消灭掉。

棉田里的小卫士——七星瓢虫

瓢虫是一种小甲虫，全世界已经发现的有3800多种，其中最常见的是七星瓢虫。七星瓢虫体形像半瓣黄豆，鞘翅是橙红色的，上面有七个黑色斑点。在夏天，随着气温升高和食物增多，七星瓢虫大量繁殖，到处都能找到七星瓢虫。七星瓢虫遇到敌人的时候，就会立即分泌出难闻的黄水，使敌人不敢靠近。当它感到危险时，还会立即把它那三对细足收缩起来，像“失去知觉”一样躺在地上一动不动地装死。七星瓢虫是益虫，它能将棉田里的蚜虫吃掉，被人们称为“棉田里的小卫士”。

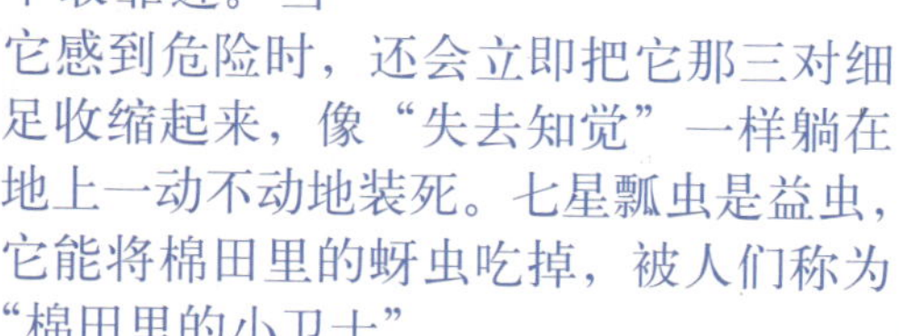

题目：船边挂着软梯，离海面2米，海水每小时上涨半米，几个小时海水能淹没软梯?
答案：水涨船高，水不会淹没软梯。

多彩的天牛

天牛是人们熟知的一类昆虫，种类很多，大小不一，形状、颜色也各不相同。一般天牛身体呈椭圆形或长方形，触角特别长，甚至比它自己的身体还要长。很多种类的天牛或多或少呈棕褐色，或以花斑排列，和树干的颜色相像，具有隐匿色或保护色的作用。天牛产卵在树木的枝干里。幼虫在那里发育，蛀食树干。因此，天牛是桑树、果树和森林的一大害虫，人们叫它“锯树郎”。天牛中数量最多、最常见的除星天牛和桑天牛外，还有光肩星天牛、桃红颈天牛、白筋天牛、红缘天牛、云斑白条天牛、竹缘虎天牛、深山天牛等。

自然界清道夫——屎壳郎

屎壳郎的本名叫“蜣螂”，它们全身黑色，胸部和脚有黑褐色的长毛。它们的身上有

一层硬硬的壳，在它的头顶上长着一个像大铲子似的嘴巴，用来刨土和收集其他动物的粪便，它们就把粪便当作食物。屎壳郎发现了一堆粪便后，它们会把粪便团成小球后推走，并先把粪球藏起来，然后再吃掉。屎壳郎还以这种方式给它们的幼虫提供食物。一对正在繁殖的屎壳郎会把一个粪球藏起来，并将自己的卵产在粪球里。幼虫孵出后，它们就以粪球为食。等到粪球被吃光，它们已经长大为成年屎壳郎，破土而出了。由于屎壳郎以粪便为食，能清洁自然界的环境，是十分有益的动物，因此有“自然界清道夫”之称。

肚皮笑笑破

小明对爸爸说：“爸爸，我长大了要当一名探险家，去南极探险！”爸爸：“好啊，爸爸支持你。”小明：“我想从现在就开始训练自己！”爸爸：“好的。怎么个训练方法？”小明：“我从现在起每天练习吃一个冰淇淋！”

我来考考你

1. 你知道的甲虫都有哪些？
2. 被称为“自然界清道夫”的甲虫是（　　）。
   A. 七星瓢虫　B. 屎壳郎　C. 独角仙

第七章 分布最广的鸟类家族

鸟类是脊椎动物中最繁盛、分布最广的一类，现在知道的鸟类有 9000 多种。在南北极、高山、大洋、沙漠，都有它们的踪迹。鸟类是整个动物世界中唯一长着羽毛的生物，这使它们成为脊椎动物中最成功的飞行者。鸟类身体呈纺锤形，减少了飞行阻力。它们的骨头很轻，有蜂巢状的细孔，飞翔时能减轻重量。大多数鸟类都善于飞翔，大而有力的胸肌使它们能拍翼展翅。有很少数的鸟类是不能飞的，如企鹅、鸵鸟等。下面，就让我们来了解一下鸟类家族吧。

水中嬉戏的水禽

有一些鸟类，它们喜欢栖息在有水的地方，湖泊、江河、海洋等地方都能看到它们的身影。它们以水里的鱼虾为食，这些鸟类被称为“水禽”。水禽的种类很多，下面，就让我们来看一看都有哪些著名的水禽吧。

鸟中滑翔机——信天翁

信天翁是 21 种大型海鸟的统称。它们在岸上表现得十分温顺，因此，许多信天翁被人们称为“呆鸥”或“笨鸟”。信天翁是最善于滑翔的鸟类之一。在有风的气候条件下，能在空中停留几小时而不用拍动翅膀。它们需要逆风起飞，有时还要助跑或从悬崖边缘起飞。无风时，它们笨重的身体则很难升空，多漂浮在水面上。信天翁也像其他鸟儿一样，能喝海水。它们通常以乌贼为食，也常跟随海船吃船上的剩食。信天翁仅在繁殖时才成群地登上远离大陆的海岛。

海上“报警员”——海鸥

海鸥有纤细的嘴，头形圆而平。海鸥有50多种，其中一半以上在北半球繁殖。海鸥能预见暴风雨，这是因为它的骨骼是空心管状的，没有骨髓而充满空气。这不仅便于飞行，而且海鸥翅膀上的一根根空心羽管也像一个个小型气压表，能灵敏地感觉气压的变化，及时地预知天气变化。另外，海鸥还是海员、水兵的忠实朋友。舰船一旦在航行中遇到事故，海鸥会马上集成大群，在失事舰船上空大声吼叫，以引导救援舰船来援救。海鸥是海上航行安全的“报警员”：海鸥常落在浅滩、岩石或暗礁周围，群飞鸣叫，这是对航海者发出提防撞礁的信号；同时它还有沿港口出入飞行的习性，每当航行迷途或大雾弥漫时，观察海鸥的飞行方向，也可作为寻找港口的依据。

诗词贝贝乐

生查子·元夕

欧阳修

去年元夜时，花市灯如昼。
月上柳梢头，人约黄昏后。
今年元夜时，月与灯依旧。
不见去年人，泪满春衫袖。

不会飞的企鹅

企鹅属于海洋性鸟类。企鹅的身体呈流线型，两翼退化得像两只船桨，没有一点飞行能力，主要用来划水。它们可以站立行走，但速度很慢。它们的羽毛很短，而且弯曲，紧紧地贴在身上，看起来像鱼鳞一样。大多数企鹅的脖子和腹部是白色的。

帝企鹅是其中最大、最重的一种，身体长约95厘米，体重约40千克。它们栖息在陆地和海洋中，喜欢成群行走，善于游泳和潜水。它们在追捕鱼类时，靠着翅膀的推动，每小时可游6～9千米。

冠企鹅是最小的一种企鹅。体长50～60厘米，重2～3千克，明亮的黄色羽毛冠从它们头部的两侧耷拉下来，就像两道下垂的眉毛。冠企鹅的走路方式是双脚往前跳，这种行走方式对它们来说是有利的，可借此越过小丘，跨过坑穴。因为它们的聚居地大多是在海边的岩缝或陡坡之处，所以又叫它们“岩企鹅”。

美丽的天鹅

天鹅是一种美丽的水鸟。它们长着优雅修长的脖子，在水中滑行时常常将脖子弯曲成优美的“S”形，显得高贵端庄。天鹅栖息在湖边和沼泽地中，冬天为了寻找食物而向南方迁徙。天鹅飞行时身体修长平展，翅膀优美而快速地扇动。它们流线型的身体有利于游泳，腿短而粗壮，脖子长但容易弯曲，可以伸入水中去吃水生植物（包括植物的根）。天鹅天性安静，不会发出呼噜、嘶哑和沙哑的声音，所以人们都叫它们“哑天鹅”。

空中旅行家——大雁

大雁是出色的空中旅行家。每当秋冬季节，它们就从老家西伯利亚一带，成群结队、浩浩荡荡地飞到我国的南方过冬。次年春天，它们再经过长途旅行，回到西伯利亚繁殖。大雁在迁徙时总是几十只、数百只甚至上千只聚集在一起，互相紧接着列队而飞，古人称之为“雁阵”。“雁阵”由有经验的“头雁”带领，加速飞行时，队伍排成“人”字形，一旦减速，队伍又由“人”字形换成“一”字长蛇形。它们的行动很有规律，迁徙大多在黄昏或夜晚进行，旅行的途中还要经常选择湖泊等较大的水域进行休息，寻觅鱼、虾和水草等食物。每一次迁徙都要经过1～2个月的时间，途中历尽千辛万苦。但它们春天北去，秋天南往，从不失信。不管在何处繁殖，何处过冬，总是非常准时地南来北往。

颜色绚烂的鸳鸯

鸳鸯又叫“官鸭”。雄鸟颜色艳丽，并带有金属光泽，额和头顶中央颜色翠绿，与后颈的金属暗绿和暗紫色长羽毛形成冠羽，头顶两侧有纯白眉纹。在鸳鸯的翅膀上有一对栗黄色、直立扇子形的翼帆。鸳鸯尾部羽毛暗褐，上胸和胸侧是紫褐色，下胸两侧绒黑，镶着两条纯白色横带。鸳鸯嘴部呈暗红色，脚呈黄红色。雌鸟羽毛以灰褐色为主，眼周和眼后有白色纹，没有冠羽、翼帆，腹部羽毛纯白。鸳鸯栖息在河谷、溪流、苇塘、湖泊、水田等地，主要吃草籽、稻谷等植物性食物，到了繁殖期就改为主要吃昆虫、鱼虾等小动物。鸳鸯虽然生活在水边，却筑巢在深山中，选择高大的树洞筑巢、产卵和孵化。鸳鸯平时不一定有固定的配偶关系，只有在交配期间才表现出那种形影不离的亲密姿态，在此期间，雌雄天天相伴，十分恩爱。

绿脑袋的绿头鸭

绿头鸭是一种绿色鸭头的鸭子，是一种野鸭。绿头鸭也叫“大麻鸭”“大红腿鸭”。绿头鸭的上体羽毛是黑褐色，下体是灰白色。头和脖子是暗绿色的，脖子中间还有一道白色圆环与栗色的胸隔开，腹部是浅黄色，上面有浅浅的黑色。成鸭的爪是橙色的。绿头鸭分布广泛，在欧亚大陆和北美洲大部分地区、非洲北部都有分布。它们在北方繁殖，南方越冬。绿头鸭喜欢成群生活，生性好动、机警，受到惊吓后会迅速直飞上天。

洋话天天说

A：Could I borrow your bike？
B：No Problem！
A：你能把自行车借给我吗？
B：没有问题！

体态优雅的白鹭

白鹭有一双笔直而细长的腿，脖子优雅地弯曲着，长长的喙很适合捕食鱼虾。白鹭全身都是洁白得像雪一样的羽毛。白鹭常去沼泽地、湖泊、潮湿的森林和其他湿地环境，捕食浅水中的小鱼、两栖类、爬行类、哺乳动物和甲壳动物。当白鹭发现大河蚌时，它就会巧妙地叼起来，向岸边的石头上猛甩，一次又一次，直到河蚌被摔得受不了，张开双壳，这时白鹭就可以啄它的肉吃了。

凤冠红颊的朱鹭

朱鹭又称“朱鹮(huán)”，是世界上一种极为珍稀的鸟，素有“东方宝石”之称，被世界鸟类协会列为“国际保护鸟”。朱鹮长着长长的喙，头顶“凤冠”，红红的脸颊，浑身羽毛白中夹红，颈部披有下垂的长柳叶型羽毛，体长约 80 厘米。它过去曾广泛生活在中国、朝鲜、日本等远东地区国家，现在在其他国家早已绝迹，只有中国和日本还存在。它平时栖息在高大的乔木上，觅食时才飞到水田、沼泽地和山区溪流处，以捕捉蝗虫、青蛙、小鱼、田螺和泥鳅等为生。

朱鹮天敌很多，乌鸦和青鼬常来争巢毁蛋，伤害幼鸟，所以它对巢区的选择非常严格。朱鹮一般是一边孵卵育雏，一边扩大加固窝巢。它每次产卵 3 ～ 4 枚，雄雌朱鹮轮流孵卵。大约 1 个月，雏鸟破壳而出，仍由父母轮班照看，共同喂养。小朱鹮 1 个月后羽翼逐渐丰满，开始学习飞行技术，不久就能独自外出寻找食物。

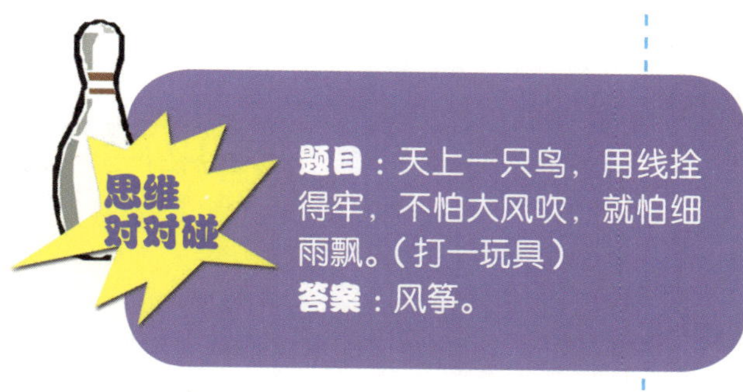

头戴“红帽子”的丹顶鹤

丹顶鹤也叫“仙鹤”，以喙、颈、腿“三长”著名，直立时可达 1 米多高。丹顶鹤身披洁白羽毛，喉、颊和颈为暗褐色。特别是裸露的朱红色头顶，好像一顶小红帽，因此得名“丹顶鹤”。丹顶鹤是典型的候鸟，每年随着季节气候的变化，有规律地南来北往迁徙。它们多栖息在开阔的芦苇丛或多草的沼泽地带，主要以鱼、虾、贝类和植物根茎为食。在交配期间，雌雄鹤都翩翩起舞，或者大声鸣叫，声音能传到 2 千米以外。

湖边的小猎手——翠鸟

翠鸟也叫“蓝翡翠”“叼鱼郎”等。由于这种鸟全身以翠绿色为主，所以就叫“翠鸟”。翠鸟共有 93 种，分布在世界各地，有林栖和水栖两大类型：林栖的一类远离水域，以昆虫为食物；水栖的一类在水边的树枝或岩坡上筑巢，以鱼虾为食物。翠鸟具有高超的捕鱼本领，它天生有一种俯冲绝技，因此被封为“捕鱼能手”。这种本领来自它独特的身体构造：它的羽毛里隐藏着许多气袋，尾部有分泌防水油的腺体，借此可在水中迅速潜游而不会弄湿羽毛。翠鸟在插入水中的瞬间，能精确调节因光线的折射而造成的视差。进水之后，仍能保持非常好的视力。

花花和峰峰在院子里玩，突然跑进来一群猪。花花急忙问：“哎呀，这群猪是谁家的？怎么跑到咱们院子里来了？”峰峰看了看，说道：“大猪是谁家的我不知道，小猪是谁家的我知道。”花花急忙问：“快说，小猪是谁家的？”峰峰说：“小猪是大猪家的！”

我来考考你

1. 你知道的水禽都有哪些？
2. 被称为海上“报警员”的是（　　）。
   A. 企鹅　B. 海鸥　C. 信天翁

陆上栖息的陆禽

一些鸟生活在陆地上，它们不善飞行，人们把它们叫作“陆禽”。它们有的栖息在山林，有的栖息在平原丘陵，有的栖息在戈壁荒漠。它们千奇百怪，有着不同的生活习性。下面，就让我们来看一看都有哪些著名的陆禽吧！

最高大的鸟——鸵鸟

栖息在空旷的原野和沙漠中的鸵鸟，平均身高约250厘米，是世界上最高大的鸟，也是唯一的二趾鸟。鸵鸟常结成5～50只一群生活，常与食草动物相伴。鸵鸟的奔跑速度最高可达每小时70千米，如果遇到敌害，它们就会把脚爪当作武器。鸵鸟的营养来源很广，包括植物之叶、花、果实及种子等，也吃小动物。鸵鸟啄食时，由于必须将头部低下，很容易遭受掠食者的攻击，所以它啄两下，就会抬起头四处张望一下，显得紧张兮兮的。在繁殖期，雄鸵鸟常以不断扇动翅膀、晃动脖子的姿势占据领地。鸵鸟的卵能达到20厘米长，是鸟类中最大的。

南乡子·登京口北固亭有怀

辛弃疾

何处望神州？满眼风光北固楼。千古兴亡多少事？悠悠。不尽长江滚滚流。　年少万兜鍪（móu），坐断东南战未休。天下英雄谁敌手？曹刘。生子当如孙仲谋。

新西兰国鸟——几维鸟

几维鸟是新西兰特有的珍禽，并被选为该国的“国鸟”。因为它

洋话天天说

A：May I help you?
B：Yes, I'd like to book a room for Tuesday.
A：我能帮您吗？
B：是的，我想星期二订一个房间。

们的鸣叫声非常尖锐，听起来特别像“几——维——”，所以被当地人叫作“几维鸟”。它形如梨子，浑身长满蓬松细密的、呈黄褐色并带有深灰色和淡色横斑和黑褐色条纹的羽毛，大小与我们常见的大公鸡差不多。由于翅膀退化，所以它们不能飞翔，可是它的双腿却粗短有力，善于奔跑。脚趾上有锐利的爪，便于在土地上挖掘，寻觅食物。几维鸟一共只有3种，分别为褐几维鸟、大斑几维鸟和小斑几维鸟。三种几维鸟的长相相似，外表看上去就像多毛的大皮球。它们淡黄色的喙尖而细长，长度几乎达到体长的一半，就像一个细细的圆筒一样，这个奇特的喙还有一个让人意想不到的功能呢！当它需要休息的时候，喙可以当成第三条腿，如同三角架一样把身体稳稳地撑起来。它视力很不好，动物园里曾发生几维鸟大白天走着走着撞上了篱笆的趣事。野生的几维鸟栖息在森林和灌木丛中，喜爱群体生活，昼伏夜出。它们的好奇心很强，如果当地居民的大门没有关好，几维鸟可能在夜里悄悄溜进他们家里，把钥匙和汤匙当成玩具带走。

百鸟之王——孔雀

孔雀被视为“百鸟之王”，是最美丽的观赏鸟，是吉祥、善良、美丽、华贵的象征。孔雀的头部较小，头顶上高高耸立着羽冠。孔雀因其能开屏而闻名于世。雄鸟的羽毛很美丽，这些羽毛绚丽多彩，羽支细长，犹如金绿色丝绒，其末端还具有众多由紫、蓝、黄、红等色构成的大型眼状斑，开屏时反射着光彩，好像无数面小镜子，鲜艳夺目。雌孔雀无尾屏，背面浓褐色，并泛着绿光，不过没有雄孔雀美丽。它们栖息在河谷地带，也有生活在灌木丛、竹林、树林的开阔地，爱吃野梨等野果，也吃谷物草籽。

孔雀双翼不太发达，飞行速度慢而显得笨拙，只是在下降滑翔时稍快一些。腿却强健有力，善疾走，逃跑时多是大步飞奔。

孔雀有绿孔雀和蓝孔雀两种。绿孔雀分布在中国云南省南部。蓝孔雀又名“印度孔雀”，分布在印度和斯里兰卡。

思维对对碰

题目：一个人花8元买了一只鸡，9元卖掉了。然后他觉得不划算，花10元又买回来了，以12元卖给另外一个人。请问他赚了多少钱？

答案：3元。

耳上长长羽的马鸡

马鸡中央尾羽的羽支大都披散下垂，犹如马尾，所以被叫作“马鸡”。马鸡耳部有一簇特别发达的羽毛，长而稍硬，往往突出于颈项，因而又称为“角鸡”或“耳鸡”。褐马鸡、蓝马鸡和藏马鸡均分布于中国境内，仅藏马鸡偶见于印度北部。

马鸡大多栖息于丘陵和高山，善奔走，常成群活动。飞行速度慢，通常不远飞。受惊时常往山上狂奔，至岭脊处才振翅飞起，滑翔至山谷间逃脱。

马鸡用嘴挖土觅食，以块茎、细根、种子等为主，也吃昆虫。春夏间繁殖期，为了争偶，雄鸟间常发生格斗。巢筑于地面，呈浅碟状，以枯枝、苔藓、枯草等构成，内铺碎屑和残羽。

褐马鸡是国家一级保护动物，蓝马鸡和藏马鸡是二级保护动物。

色彩华丽的金鸡

金鸡又名“红腹锦鸡”“彩鸡”，分布于中国青海、甘肃、陕西、贵州、湖南、广西壮族自治区。

雄鸟头具金黄色羽冠，后颈围以橙棕色扇状羽，有如披肩，身上的羽毛多为金黄色。雌鸟远不如雄鸟华丽，多为黄褐色。

金鸡单独或成对栖息于高山台地和陡坡，出没于矮树丛和竹林间。夜间在松树的低枝上栖宿。冬季降雪以后，由于缺少食物而结群离开深山，到雪已融化的梯田中觅食，主要吃蕨类植物、麦叶、胡颓子、草籽、大豆、四季豆、野蒜等，有时也啄食麦粒和玉米。雄鸟遇到雄鸟，必然大战一场，战斗相当激烈。雄鸟遇到雌鸟，就会炫耀一番，围着雌鸟狂奔，在接近雌鸟头侧时把两翅上下扩展，翘起尾羽，冠羽、“披肩”等，脖子膨大，从而将上体的全部美丽展示出来。

5岁的小强苦着脸问道：“老师，爸爸妈妈天天跟别人说我属猪的，我都属于5年的猪了，我不想再做小猪了，我什么时候才能不属猪啊？我想属大老虎，多威风啊！

尾羽亮丽的长尾雉

长尾雉是我国的特产鸟，共有四种，其中较为常见的为白冠长尾雉，俗称“长尾野鸡”，又叫“地鸡”。身体大小近似野鸡，但尾羽极长。雄鸟的尾羽长为1.2～2.0米，羽色绚丽，上体棕黄色，有红、白、黑、褐等色斑纹；雌鸟尾羽短，长度仅有雄鸟的1/3，头和颈部白色，但在两眼间和头顶后方围有一道黑圈。分布在我国中部及北部的山区，终年栖息在海拔500～1000米的山地稀疏阔叶林中。它们清晨开始活动，晚上在树上过夜。食坚果、浆果和种子。一般不鸣叫，在地面茅草丛中筑简单的巢，产卵育雏。雄鸟尾羽中最长的两根，常被选做京剧武将演员头盔上的装饰品。白冠长尾雉因为数量稀少，已被列为国家二级保护动物。其他三种长尾雉为白颈长尾雉、黑颈长尾雉和黑长尾雉，已被列为国家一级保护动物。

我来考考你

1. 你知道的陆禽都有哪些？
2. 被称为"百鸟之王"的是（　　）。
   A. 天鹅　B. 孔雀　C. 丹顶鹤

喜欢鸣叫的鸣禽

一些鸟喜欢通过鸣叫来传达信息，被人们称为"鸣禽"。这类鸟大多体态娇小，色彩斑斓，大多以昆虫为食，也有少量种类吃种子和根茎、果实。下面，就让我们来看一看都有哪些喜欢鸣叫的鸟儿吧！

活跃的柳莺

柳莺俗称"柳串儿"或"槐串儿"，是我国最为常见、数量最多的小型食虫鸟类。它们的体形比麻雀小得多，背羽以橄榄绿色或褐色为主，下体淡白，嘴细尖，常在枝尖不停地穿飞捕虫，有时飞离枝头扇动翅膀，将昆虫轰赶起来，再追上去啄食，是十分活跃的小鸟。它们在枝间跳跃时，不时地发出一声声细尖而清脆的"仔儿"声，很容易识别。我国的柳莺种类很多，都是夏候鸟，夏季在我国东北、河北省北部及新疆等地的山林中繁殖。在迁徙时遍布于各地的山林，在平原公园、庭院中最常见到。它们有伪装鸟巢的本能，能衔取藓和树皮盖在球状巢的巢顶上，从外观上很难发现它的巢。柳莺多以害虫为食，在消灭害虫方面有较大

木兰花

宋祁

东城渐觉风光好，縠皱波纹迎客棹。
绿杨烟外晓寒轻，红杏枝头春意闹。
浮生长恨欢娱少，肯爱千金轻一笑。
为君持酒劝斜阳，且向花间留晚照。

的作用，食物包括蟒象、蝇类和蚊类等，有时也食植物种子。

夜里的警卫员——夜鹰

夜鹰别名“蚊母鸟”，它白天常常蹲伏在树木众多的山坡地或树枝上，当在树上停栖时，身体贴伏在枝上，有如枯树节，所以俗称“贴树皮”。它的主要特征是嘴短宽，有发达的嘴须，鼻孔是管形的。身体羽毛柔软，发暗褐色，有细的横斑，喉部有白斑。雄鸟尾上也有白斑，飞行时特别明显。夜鹰羽色和树皮非常相似，是很好的保护色，极难被发现。它们常在夜间活动，黄昏时很活跃，不停地在空中捕食蚊、虻、蛾等昆虫，是著名的农林业益鸟。夜鹰在飞行时，两翅缓慢地鼓动，也能长时间滑翔，在捕捉昆虫时，能够突然曲折地绕飞。遇到敌人时，可以无声地迅速飞去。常在夜间鸣叫，发出连续的“嗒嗒”的叫声。它们从不筑巢，只将卵产在地面或岩石上、茂密的针叶林或矮树丛间、野草或灌木的下面。白天由雌鸟孵卵，晨昏由雄鸟接替。夜鹰遍布我国多地，东部自东北至海南岛，西部至甘肃、西藏等地。

ABC 洋话天天说

A：Please allow me to open the door for you.
B：Thank you.
A：让我来为你开门。
B：谢谢！

美丽的画眉

画眉是常见的鸣禽。体长约 24 厘米，背羽绿褐色，下体黄褐色，腹部中央灰色，头色较深而有黑斑，具有明显的白色眼圈，向后延伸成娥眉状的眉纹，故称“画眉”。它的鸣声洪亮，婉转动听，各地多在笼中饲养，是极为珍贵的观赏鸟。它能仿效多种鸟的叫声，还会学人话、猫狗叫、笛声等各种声音。画眉分布在我国长江以南的山林中，喜在灌木丛中穿飞和栖息，不善远距离飞翔，没有迁徙习性，常在林下草丛中觅食，以昆虫和植物种子为食。

艳丽的黄鹂

黄鹂羽色鲜黄艳丽，为著名食虫益鸟，鸣声悦耳动听。黄鹂共有 24 种，中国有 5 种，以黑枕黄鹂为典型代表。

黑枕黄鹂又称“黄莺”，体长 22 ~ 26 厘米，通体鲜黄色，自脸侧至后头有 1 条宽黑纹，翅、尾羽大部为黑色。嘴较粗壮，上嘴先端微下弯并具缺刻，嘴色粉红。翅尖而长，尾为凸形。腿短弱，适于树栖，不善步行。腿、脚铅蓝色。

雌鸟羽色染绿，不如雄鸟羽色鲜丽；幼鸟羽色似雌鸟，下体具黑褐色纵纹。黄鹂主要生活在阔叶林中，取食昆虫，也吃浆果。雄鸟在繁殖期鸣声清脆悦耳。雌雄共同以树皮、麻类纤维、草茎等在水平枝杈间编成吊篮状悬巢。每窝产卵4枚，卵粉红色，杂以稀疏的紫色和玫瑰色斑点，卵壳有光泽。

盈盈特别喜欢照相，一直嚷着让妈妈给她买数码相机。一天早晨，盈盈和妈妈去公园散步，看见一个姑娘正在画池塘里的荷花。盈盈看了半天，突然对妈妈说："妈妈，你看，这就是不买相机的下场，太辛苦了。"

小巧的百灵

百灵体长约19厘米，上体栗褐色，下体白色，头和尾基部呈栗色，翅黑而具白斑，胸部具不连贯的黑色横带。栖息于草原、沙漠、近水草地等空旷地区，也有一些种类栖居于小灌木丛间。百灵主要以草籽、嫩芽等为食，也捕食少量昆虫，如蚱蜢、蝗虫等。百灵在受惊扰时常常一动也不动，因为它身上的羽毛是一种很好的保护色，不易被发觉。百灵在土坎、草丛根部地上筑巢，巢呈浅杯形，用杂草构成。鸣声响亮，婉转动听，常高翔云间，且飞且鸣。在阳光充足的正午，常站在高土岗或沙丘上鸣啭不休。冬季天气酷冷时，常结集大群活动，进行短距离南迁。

常见的山雀

山雀是体形比麻雀纤细的食虫鸟类，也是在平原或丘陵山地林区常见鸟类之一。山雀的体羽大多以灰褐色为主，易于分辨。山雀多筑巢于树洞或房洞中，由于它们几乎终日不停地在林间取食昆虫，所以是很有名的益鸟。其中最常见的有大山雀和沼泽山雀。

大山雀是山雀科中体形最大的，背羽绿灰色，头黑且两侧白色，形成明显的白斑状，故又名"白脸山雀"。大山雀在国内多栖于山区针叶林、针阔混交林或阔叶林间以及丘陵果园及耕作区等地，在庭园林间亦能见到。它们常栖于树枝上发出"仔黑、仔黑"或"仔仔黑、仔仔黑、仔仔黑黑黑"的鸣叫声，非常有趣。

沼泽山雀体形比大山雀略小，也是我国各地最常见的山雀。它的头顶也是黑色的，但没有白斑，背羽灰褐色，这些都是与大山雀明显的区别。它们的分布范围略小，较常见于较高一点的山林地区。鸣声比大山雀弱细，但特别响亮清脆，好像是吹水哨的"伯儿、伯儿"声。

声音嘶哑的乌鸦

乌鸦俗称“老鸹(guā)”，全身羽毛大多黑色或黑白两色，黑羽带有紫蓝色金属光泽。乌鸦分布几乎遍及全球，中国的乌鸦主要有秃鼻乌鸦、白颈鸦、寒鸦、大嘴乌鸦、渡鸦等种类。乌鸦为森林草原鸟类，栖于林缘或山崖，到旷野挖啄食物。虽然它们也吃食谷类，但主要食物还是害虫，功大于过，属于益鸟。乌鸦的集群性很强，一群可达几万只。乌鸦的鸣叫声简单粗厉，声音嘶哑。一般性格凶悍，富于侵略习性，常常掠食水禽巢内的卵和雏鸟。

乌鸦的智商很高，是世界上最聪明的鸟。特别令人惊异的是，乌鸦竟然在动物界中具有独到的使用工具达到目的的能力。乌鸦喝水就鲜明地反映了它们的聪明之处。

思维对对碰

题目：有一种布很长很宽很好看，就是没有人用它来做衣服也不可能做成衣服，为什么？

答案：因为它是瀑布。

吉祥鸟——喜鹊

喜鹊是很有人缘的鸟类之一，农民清晨在田中劳动，看到喜鹊成双成对地在田间草地上跳跃追逐捕食害虫，便对它产生出了喜爱之情，它嘹亮而且单调的鸣声也就被喻为吉兆。喜鹊也不怕人，常把巢筑在民宅旁的大树上，在居民点附近活动。喜鹊鸣声洪亮，叫声为响亮粗哑的“嘎嘎”声。喜鹊在旷野和田间觅食，捕食蝗虫、蝼蛄、地老虎、金龟甲、蛾类幼虫以及蛙类等小型动物，也和乌鸦一样盗食其他鸟类的卵和雏鸟，也吃瓜果、谷物、植物种子等。喜鹊一年的食物当中，80% 以上都是危害农作物的昆虫，只有 15% 是植物与谷类的种子。所以，喜鹊对人类是很有益处的。

学人说话的鹦鹉

鹦鹉以其美丽无比的羽毛和善于学人说话的绝技，为人们所欣赏和钟爱。鹦鹉的种类非常繁多，有 300 多种，主要生活在热带、亚热带森林中，一般以配偶和家族形成小群，栖息在林中树枝上。它们羽色鲜艳，那独具特色的钩喙使人们很容易识别这些美丽的鸟儿。鹦鹉以食果实为主，它们强劲有力的喙可以很轻易地啄碎坚果的果壳。鹦鹉中体形最大的当属紫蓝金刚鹦鹉，身长可达 100 厘米，分布在南美的玻利维亚和巴西。最小的是生活在马来半岛、苏门答腊、婆罗洲一带的蓝冠短尾鹦鹉，身长仅有 12 厘米。

自私的杜鹃

杜鹃就是人们常说的“布谷鸟”。杜鹃种类很多，有大杜鹃、四声杜鹃、鹰头杜鹃等。杜鹃是一种很有“心计”的鸟。它们从不自己筑巢，总喜欢把蛋产到其他鸟的巢里，让别的鸟代孵。而且，杜鹃的幼鸟也极端自私，为了自己能够获得更多的食物和更好的照顾，竟会把其他鸟的蛋或小鸟挤出鸟巢。雌杜鹃这样做的原因是，雄鸟在雌鸟怀孕时就会离开，雌鸟只好偷偷地把蛋下到别的鸟的鸟巢里。雌鸟选巢有个标准：被选鸟巢中的蛋的形状、大小、色泽必须均和自己的蛋相似。被选中的主要是伯劳、篱雀、苇莺等的巢。杜鹃的这种行为，被称为“巢寄生”，在鸟类中是一种罕见的现象。

吵闹的巨嘴鸟

巨嘴鸟就是因为它有一个大得出奇的嘴巴，才被叫作“巨嘴鸟”。它体长 70 多厘米，嘴长竟达到 25 厘米左右，宽 9 厘米多，而且又粗又壮。它的嘴尽管很大，但是重量还不足 30 克。巨嘴鸟的嘴骨构造很特别，它的外面是一层薄壳，中间贯穿着极细的纤维，多孔的海绵状组织充满空气，因此，又坚硬又轻巧。巨嘴鸟的体色十分鲜艳，特别是嘴：上半部是黄色的，略带淡绿，下半部是蔚蓝色，喙尖则是一点殷红。眼睛四周是一圈天蓝的羽毛，胸脯橙黄色，背部漆黑。它们喜欢成群栖息，鸣叫不停，是最喧闹的森林鸟之一。

我来考考你

1. 你知道鸣禽都有哪些？
2. 最聪明的鸟是（　　）。
   A. 鹦鹉　B. 黄鹂　C. 乌鸦

性情凶猛的猛禽

猛禽是鸟类王国中一个重要的类群。一般来说，猛禽有两大类，一类是隼(sǔn)形类，如老鹰、秃鹫等;另一类是鸮(xiāo)形类，如猫头鹰等。猛禽都有向下弯曲的钩形嘴，十分锐利；也有非常强健的足，除鹫类外大都有非常锋利的爪；它们有良好的视力，可以在很高或很远的地方发现地面上或水中的食物。它们性情凶猛，捕食其他鸟类和鼠、兔、蛇等，或吃动物腐尸。下面，就让我们来了解一下这些鸟类中的霸主吧。

翱翔高空的苍鹰

苍鹰又名“黄鹰”“鸡鹰”，属于中型猛禽，长着带钩的嘴和锐利的爪子。全长55厘米左右，上体苍灰色，头顶黑褐色，眼睛上方有白色眉纹，背棕黑色。翅膀和尾巴暗灰褐色，有暗褐色横斑，羽毛尖端灰白。下体灰白色，胸、腹及腿都有黑褐色横斑。苍鹰是森林鸟类，大多栖息在针叶林、阔叶林和混交林的山麓，以啮齿动物、鸟类及其他小型动物为食。它们在高树上筑巢，主要以松树枝搭成比较厚的巢。5～6月间产卵，每窝4～5个，卵壳青色带淡青色斑纹和不明显的赤褐色斑。雏鸟全身是白色的绒羽，经过雌鸟41～43天喂养就可以长齐羽毛，独自飞翔。

诗词贝贝乐

浣溪沙

晏殊

一曲新词酒一杯，去年天气旧亭台。
夕阳西下几时回？　无可奈何花落去，
似曾相识燕归来。小园香径独徘徊。

凶猛灵活的鸢

同学们一定听说过老鹰吧？鸢(yuān)就是老鹰。鸢身体细长，尾巴是分叉的，飞行时翅膀扇动的幅度大，可以长时间滑翔，飞翔姿态优美。鸢捕捉鼠、野兔等各种不同大小的动物。它们常出现在山村林地、城郊居民点附近。鸢的眼睛构造非常独特，能看清很远很远的东西，天气晴朗时，经常长时间翱翔在数百米的高空，当发现猎物时，立刻向下俯冲以突然袭击猎物。鸢的分布比较广，但现在已经较少看到了。

鸟中之王——金雕

金雕别名“鹫雕”“洁白雕”“红头雕”，是雕中体形最大的一种。金雕主要生活在

洋话天天说

A：You are beautiful！
B：Thank you.
A：你真漂亮！
B：谢谢！

高山草原和针叶林地区，它们把巢筑在很难攀登的悬崖峭壁上，筑巢材料主要是柔软的植物的根枝，里面铺着草、毛皮、羽绒等。金雕是雕中最凶猛的一种。它们飞行速度极快，常沿着直线或圈状滑翔于高空。一旦发现野兔、野鼠之类的小动物，就立刻开始追击。金雕快速降落的本领是任何直升机都比不了的。它们伸开大而强健的双腿，用剃刀一样锋利的爪子猛扑向猎物。只要被抓住，猎物就会被死死地压住，并被雕爪刺死。然后金雕会用大大的喙把猎物撕成一块一块吞下去。

霸道的白头海雕

白头海雕是唯一原产于北美洲的雕，因为头部纯白色而得名，是美国的“国鸟”，喜欢生活在有水的地方，雌雄成对一起活动。白头海雕是一种大型的海禽，也是一种大型的猛禽，体长可达1.2米，双翅展开有2米左右宽，嘴巴和爪子都强壮有力并且弯曲成钩子形状，是撕裂猎物的有力武器。白头海雕的视力非常厉害，能够直视着太阳，飞翔能力特别强。白头海雕常常在空中追逐被人称为“渔夫”的鹗，强迫它们扔掉爪中或嘴中的鱼，再把鱼抢过来。这种行为霸道无礼，就像强盗一样。因此，有人称它们是“强盗鸟”。

捕鼠能手——猫头鹰

猫头鹰的眼睛又圆又大，很像猫的眼睛，所以被称为“猫头鹰”。它的双眼不像其他鸟类那样生在头部两侧，而是长在正前方。猫头鹰的大眼睛只能朝前看，要向两边看的时候，就必须转动头。眼四周羽毛呈放射状，嘴和爪都弯曲呈钩状。周身羽毛大多为褐色，有细斑。猫头鹰属于夜行猛禽，它的羽毛很独特，稠密而松软，因此在夜间飞行时是最安静的，对于其猎物来说有时甚至是无声的。由于是夜间出来捕食的动物，它们的听力十分敏锐，它的两只耳朵不在同一个水平上，有利于根据地面猎物发出的声音来确定猎物的正确位置。猫头鹰是现存的在全世界分布最广的鸟类之一，除了北极地区以外，世界各地都可以见到猫头鹰的踪影。它们

题目：市里新开张了一家医院，设备先进，服务周到。但令人奇怪的是：这儿竟一位病人都不收，这是为啥？
答案：因为这是兽医院。

主要以鼠类为食，有时也捕食小鸟或大型昆虫。

草原清洁工——秃鹫

秃鹫别名“座山雕”“狗头鹫”，是一种大型猛禽，身长1米多。身体羽毛主要为黑褐色，头和颈部裸露的皮肤呈铅蓝色，头顶是灰褐色羽绒。它们在高大的乔木上筑巢。秃鹫生性喜欢吃腐肉，它的体内能产生一种能够抑制病菌的抗生素，所以，它才不怕吃坏了身体。由于它们能清理腐烂的尸体，所以有“草原清洁工”的称号。秃鹫常单独生活，有时也几只成群。如果发现有大型兽类尸体，它们就会在空中集成大群，多达数十只，这个群体还会临时选出一个首领，一切行动都得听从首领的命令。

肚皮笑笑破

小胖问：“阿姨，为什么你家的大狗狗，见了我就叫个不停呢？”

阿姨：“它还不认识你呀。”

小胖：“那你快告诉它我的名字。”

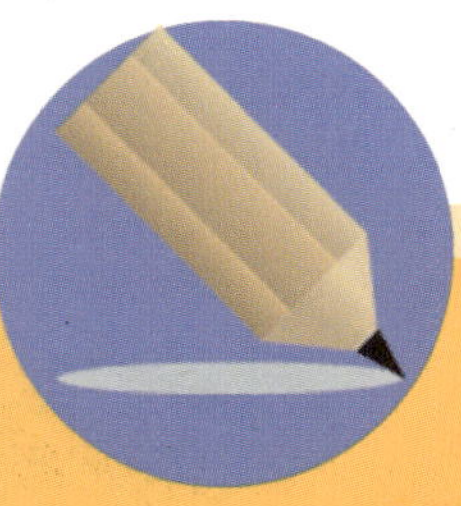

我来考考你

1. 你知道的猛禽都有哪些？
2. 被称为“草原清洁工”的鸟是（　　）。

   A. 猫头鹰　B. 秃鹫　C. 苍鹰